MySQL数据库实用教程

主　编　郑明秋　蒙连超　赵海侠
副主编　李英文　张海艳

北京理工大学出版社
BEIJING INSTITUTE OF TECHNOLOGY PRESS

内 容 简 介

本教材是作者在多年的数据库开发实践与教学经验的基础上，根据计算机相关专业的职业岗位能力需求及学生的认知规律倾心组织编写的。本教材使用“员工管理信息系统”“小型图书系统”作为理论知识讲解的载体；使用“学生管理信息系统”作为实训练习的载体。主要内容包括：了解 MySQL 数据库，MySQL 的安装与配置，创建与管理数据库和表，数据表的基本操作，视图、索引和事务的使用，数据库编程，数据库管理。

本教材内容系统性强，知识体系新颖，理论与实践结合，突出实训部分，具有先进性和实用性。本教材可以作为高职高专计算机相关专业数据库课程的教材，也可以作为相关从业人员的参考用书。

图书在版编目（CIP）数据

MySQL 数据库实用教程 / 郑明秋，蒙连超，赵海侠主编. —北京：北京理工大学出版社，2017. 12（2021. 12重印）

ISBN 978 - 7 - 5682 - 5082 - 5

Ⅰ. ①M…　Ⅱ. ①郑…　②蒙…　③赵…　Ⅲ. ①SQL 语言 - 高等职业教育 - 教材　Ⅳ. ①TP311. 132. 3

中国版本图书馆 CIP 数据核字（2017）第 325192 号

出版发行 / 北京理工大学出版社有限责任公司
社　　址 / 北京市海淀区中关村南大街 5 号
邮　　编 / 100081
电　　话 / （010）68914775（总编室）
（010）82562903（教材售后服务热线）
（010）68944723（其他图书服务热线）
网　　址 / http：//www. bitpress. com. cn
经　　销 / 全国各地新华书店
印　　刷 / 三河市华骏印务包装有限公司
开　　本 / 787 毫米 ×1092 毫米　1/16
印　　张 / 13.5
字　　数 / 320 千字
版　　次 / 2017 年 12 月第 1 版　2021 年12月第 9 次印刷
定　　价 / 38. 00元

责任编辑 / 王玲玲
文案编辑 / 王玲玲
责任校对 / 周瑞红
责任印制 / 施胜娟

图书出现印装质量问题，请拨打售后服务热线，本社负责调换

前 言

MySQL 是一个开放源码的小型关系型数据库管理系统，开发者为瑞典 MySQL AB 公司。由于其体积小、速度快、总体拥有成本低，尤其是开放源码这一特点，许多中小型网站为了降低网站总体拥有成本而选择了 MySQL 作为网站数据库。

本书是面向 MySQL 数据库管理系统初学者的一本高质量书籍，适合教学使用。MySQL 因为其稳定、可靠、快速、管理方便及支持众多操作系统平台的特点，已经成为世界范围内最流行的开源数据库之一。目前国内对技术能力强的 MySQL 开发人员、管理人员需求旺盛。本书根据就业岗位需要，为初学者量身定做，除了理论知识外，重点通过实训练习，引领读者快速学习和掌握 MySQL 的开发和管理技术。

本书在内容编排上，以小型图书系统（bookDB）、员工管理信息系统（empMIS）、学生管理信息系统（stuMIS）为操作实例，从数据库的设计到数据库的管理、数据库应用展开编写。全书分为如下 7 个项目。

项目一，了解 MySQL 数据库。学习数据库管理系统中涉及的基本概念、MySQL 数据库的特征、MySQL 的应用环境、MySQL 的管理软件、MySQL 的体系结构和数据库访问技术。

项目二，MySQL 的安装与配置。学习 MySQL 及 MySQL 图形化管理工具的安装与配置。

项目三，创建与管理数据库和表。学习数据的基本操作，主要内容包括：数据库创建管理与删除。数据表的创建、修改、删除。常用的基本数据类型介绍。

项目四，数据表的基本操作。学习 MySQL 中向数据库表中插入数据的 insert 语句、更新数据的 update 语句、当数据不再使用时删除数据的 delete 语句、查询数据的 select 语句。本项目重点介绍如何使用 select 语句查询数据表中的一列或多列数据，使用集合函数显示查询结果、连接查询、子查询，以及使用正则表达式进行查询等。

项目五，视图、索引和事务的使用。学习在实际应用中如何创建和使用视图、索引和事务。掌握创建、修改和删除视图的方法，灵活运用视图简化表和简化数据的查询。掌握索引的分类，根据数据的特点创建各类索引，以加快检索速度。了解事务的特点、事务的提交和回滚。

项目六，数据库编程。学习了解 MySQL 中常量与变量的定义与使用、自定义函数与存储过程的功能与使用方法、触发器的功能及触发机制，使学生掌握三种数据库对象的作用和实际应用。

项目七，数据库管理。学习如何进行数据库的权限管理、数据的备份和恢复及日志管理。

本书的主要特色如下。

以技能实训为主，本书编写过程始终贯彻“以技能训练为宗旨，理论够用为度”的设计原则，强化实际应用能力的训练。

图文并茂，注重操作，在介绍案例过程中，每一个操作均有对应步骤和过程说明。这种图文结合的方式使读者在学习过程中能够直观、清晰地看到操作的过程及效果，便于读者更快地理解和掌握。

易学易用，案例丰富。把知识点融汇于系统的实训案例当中，并且结合综合案例进行讲解和拓展，进而达到“知其然，并知其所以然”的效果。

提示注意，本书对读者在学习过程中可能会遇到的疑难问题以“提示”和“注意”的形式进行了说明，以免读者在学习的过程中走弯路。

本书由长春信息技术职业学院的郑明秋、蒙连超、赵海侠担任主编，李英文、张海艳担任副主编。郑明秋负责全书的统稿工作，赵海侠担任审稿工作。

由于编者水平有限，书中难免存在不足和疏漏之处，欢迎广大读者和同仁提出宝贵意见。

编　者

目 录

项目1　了解 MySQL 数据库

学习目标

了解数据库与数据库管理系统的概念与关系；掌握数据库的分类；了解关系型数据库的概念与发展史；掌握实体关系模型的概念及相关的几种关系；了解 MySQL 发展历史及相关的管理软件；了解数据库的访问技术。

1.1　数据库管理系统概述

1.1.1　数据库和数据库管理系统

数据库（Database）是按照数据结构来组织、存储和管理数据的仓库。它产生于距今六十多年前，随着信息技术和市场的发展，特别是20世纪90年代以后，数据管理不再仅仅是存储和管理数据，而转变成用户所需要的各种数据管理的方式。数据库有很多种类型，从最简单的存储有各种数据的表格到能够进行海量数据存储的大型数据库系统，都在各个方面得到了广泛的应用。

在信息化社会，充分有效地管理和利用各类信息资源，也就是数据，是进行科学研究和决策管理的前提条件。数据库技术是管理信息系统、办公自动化系统、决策支持系统等各类信息系统的核心部分，是进行科学研究和决策管理的重要技术手段。

简单来说，可以将数据库看作是“电子化”的文件柜，用户可以对文件中的数据进行新增、截取、更新、删除等操作。在管理的日常工作中，常常需要把某些相关的数据放进这样的“仓库”，并根据管理的需要进行相应的处理。

例如，企业或事业单位的人事部门常常要把本单位职工的基本情况（职工号、姓名、年龄、性别、籍贯、工资、简历等）存放在表中，这张表就可以看成是一个数据库。有了这个“数据仓库”，就可以根据需要随时查询某职工的基本情况，也可以查询工资在某个范围内的职工人数等。这些工作如果都能在计算机上自动进行，那么人事管理就可以达到极高的水平。此外，在财务管理、仓库管理、生产管理中也需要建立众多的这种“数据库”，使其可以利用计算机实现财务、仓库、生产的自动化管理。

严格来说，数据库是长期储存在计算机内的、有组织的、可共享的数据集合。数据库中的数据指的是以一定的数据模型组织、描述和储存在一起，具有尽可能小的冗余度，较高的数据独立性和易扩展性的特点，并可在一定范围内为多个用户共享的数据。

这种数据集合具有如下特点：尽可能不重复，以最优方式为某个特定组织的多种应用服务，其数据结构独立于使用它的应用程序，对数据的增、删、改、查由统一软件进行管理和控制。

1.1.2 数据库的发展阶段

从数据管理的角度看，数据库的发展历史分为三个阶段：

1. 人工管理阶段

20 世纪 50 年代中期以前，计算机主要用于科学计算。外部存储器只有磁带、卡片和纸带等，还没有磁盘等直接存取存储设备。软件只有汇编语言，尚无数据管理方面的软件，数据处理方式基本是批处理。此时存储的数据不易保存，没有对数据进行管理的软件系统，没有文件的概念，数据不具有独立性。

2. 文件系统阶段

20 世纪 50 年代后期至 60 年代中期，计算机开始不仅仅用于科学计算，还用于信息管理方面。随着数据量的增加，数据的存储、检索和维护问题成为紧迫的需要，数据结构和数据管理技术迅速发展起来。此时数据可以长期保存，由文件系统管理数据，文件的形式已经多样化，数据具有一定的独立性。

3. 数据库管理系统阶段

20 世纪 60 年代后期，数据管理技术进入数据库系统阶段。数据库系统克服了文件系统的缺陷，提供了对数据更高级、更有效的管理。这个阶段的程序和数据的联系通过数据库管理系统来实现（DBMS）。

1.1.3 数据库的类型

数据库通常分为层次式数据库、网络式数据库和关系数据库三种，不同的数据库是按不同的数据结构来联系和组织的。

1. 层次式数据库结构模型

层次结构模型实质上是一种有根结点的定向有序树（在数学中，“树”被定义为一个无回的连通图）。按照层次模型建立的数据库系统称为层次模型数据库系统，IMS（Information Management System）是其典型代表。

2. 网络式数据库结构模型

按照网络式数据结构建立的数据库系统称为网络式数据库系统，其典型代表是 DBTG（Database Task Group）。用数学方法可将网状数据结构转化为层次数据结构。

3. 关系数据库结构模型

关系数据结构把一些复杂的数据结构归结为简单的二元关系（即二维表格形式）。例如某单位的职工关系就是一个二元关系。由关系数据结构组成的数据库系统称为关系数据库系统。

在关系数据库中，对数据的操作几乎全部建立在一个或多个关系表格上，通过对这些关系表格的分类、合并、连接或选取等运算来实现数据的管理。

因此，可以概括地说，一个关系称为一个数据库，若干个数据库可以构成一个数据库系统。数据库系统可以派生出各种不同类型的辅助文件和建立它的应用系统。

1.1.4 关系数据库管理系统

关系数据库管理系统（Relational Database Management System，RDBMS）是指包括相互

联系的逻辑组织和存取这些数据的一套程序（数据库管理系统软件）。关系数据库管理系统就是管理关系数据库，并将数据逻辑组织的系统。

常用的关系数据库管理系统产品是甲骨文（Oracle）公司的 Oracle 和 MySQL、IBM 的 DB2、微软的 SQL Server 系列等。

关系数据库管理系统是在 E. F. Codd 博士发表的论文《大规模共享数据银行的关系型模型》基础上设计出来的。它通过数据、关系和对数据的约束三者组成的数据模型来存放和管理数据。三十多年来，RDBMS 获得了长足的发展，目前许多企业的在线交易处理系统、内部财务系统、客户管理系统等大多采用了 RDBMS。字节级关系型数据库在大型企业集团中已是司空见惯。因此可以说，关系数据库管理系统就是管理关系数据库，并将数据组织为相关的行和列的系统。

关系模型由关系数据结构、关系操作集合、关系完整性约束三部分组成。

实体关系模型（Entity - Relationship Model），简称 E - R Model，是陈品山（Peter Chen）博士于 1976 年提出的一套数据库的设计工具，他运用真实世界中事物与关系的观念，来解释数据库中的抽象的数据架构。实体关系模型利用图形的方式（实体 - 关系图（Entity - Relationship Diagram））来表示数据库的概念设计，有助于设计过程中的构思及沟通讨论。

实体关系模型中的关系，存在 3 种一般性关系：一对一、一对多和多对多关系，它们用来描述实体集之间的关系：

1. 一对一关系（1:1）

对于两个实体集 A 和 B，若 A 中的每一个值在 B 中至多有一个实体值与之对应，反之亦然，则称实体集 A 和 B 具有一对一的联系。

例如：一个中国人只能有一个身份证号码，而一个身份证号码只能对应唯一的一个人，则中国人与身份证号码之间具有一对一关系。

2. 一对多联系（1:N）

对于两个实体集 A 和 B，若 A 中的每一个值在 B 中有多个实体值与之对应，反之，B 中每一个实体值在 A 中至多有一个实体值与之对应，则称实体集 A 和 B 具有一对多的联系。

例如：某校教师与课程之间存在一对多的联系："授课"，即每位教师可以教多门课程，但是每门课程只能由一位教师来教，则教师与课程之间具有一对多关系。

3. 多对多联系（M:N）

对于两个实体集 A 和 B，若 A 中每一个实体值在 B 中有多个实体值与之对应，反之亦然，则称实体集 A 与实体集 B 具有多对多联系。

例如：表示学生与课程间的联系"选修 "是多对多的，即一个学生可以学多门课程，而每门课程可以有多个学生来学，则学生与课程之间具有多对多关系。

关系模型就是指二维表格模型，因而一个关系型数据库就是由二维表及其之间的联系组成的一个数据组织。

表是以行和列的形式组织起来的数据的集合。一个数据库包括一个或多个表。例如，可能有一个有关作者信息的名为 authors 的表。每列都包含特定类型的信息，如作者的姓氏。每行都包含有关特定作者的所有信息，如姓名、住址等。在关系型数据库中，一个表就是一个关系，一个关系数据库可以包含多个表。

1.2 MySQL 数据库概述

1.2.1 MySQL 数据库简介

MySQL 是一种开放源代码的关系型数据库管理系统（RDBMS），MySQL 数据库系统使用最常用的数据库管理语言——结构化查询语言（SQL）进行数据库管理。

MySQL 关系型数据库于 1998 年 1 月发行第一个版本。它使用系统核心提供的多线程机制提供完全的多线程运行模式，提供了面向 C、C ++、Eiffel、Java、Perl、PHP、Python 等编程语言的编程接口，支持多种字段类型并且提供了完整的操作符支持查询中的 select 和 where 操作。

MySQL 是开放源代码的，因此任何人都可以在 General Public License 的许可下下载并根据个性化的需要对其进行修改。MySQL 因为其速度、可靠性和适应性而备受关注。

在 2000 年的时候，MySQL 公布了自己的源代码，并采用 GPL（General Public License）许可协议，正式进入开源世界。

2000 年 4 月，MySQL 对旧的存储引擎进行了整理，命名为 MyISAM。

2001 年，Heikiki Tuuri 向 MySQL 提出建议，希望能集成他们的存储引擎 InnoDB，这个引擎同样支持事务处理，还支持行级锁。所以，在 2001 年发布 3.23 版本的时候，该版本已经支持大多数的基本的 SQL 操作，并且还集成了 MyISAM 和 InnoDB 存储引擎。MySQL 与 InnoDB 的正式结合版本是 4.0。

2004 年 10 月，发布了经典的 4.1 版本。

2005 年 10 月，发布了里程碑意义的一个版本——MySQL 5.0。在 5.0 中加入了游标、存储过程、触发器、视图和事务的支持。在 5.0 之后的版本里，MySQL 明确地表现出迈向高性能数据库的发展步伐。

2008 年 1 月 16 日，MySQL 被 Sun 公司收购。

2009 年 04 月 20 日，Oracle 收购 Sun 公司，MySQL 转入 Oracle 门下。

2010 年 04 月 22 日，发布 MySQL 5.5、MySQL Cluster 7.1。

1.2.2 MySQL 的特征

MySQL 的优点：

① 它使用的核心线程是完全多线程，支持多处理器。

② 支持多种数据类型：1、2、3、4 和 8 字节长度有符号/无符号整数，float，double，char，varchar，text，blob，date，time，datetime，timestamp，year 和 enum 类型。

③ 通过一个高度优化的类库实现 SQL 函数库并能快速执行，没有内存漏洞。

④ 全面支持 SQL 的 group by 和 order by 子句，支持聚合函数（count()、count(distinct)、avg()、std()、sum()、max() 和 min()）。可以在同一查询中获取来自不同数据库的表。

⑤ 支持 ANSI SQL 的 left outer join 和 ODBC。

⑥ 所有列都有缺省值。

⑦ MySQL 可以工作在不同的平台上，支持 C、C++、Java、Perl、PHP、Python 和 TCL API。

MySQL 的缺点：

① MySQL 最大的缺点是其安全系统，主要是复杂而非标准，另外，只有到调用 mysqladmin 来重读用户权限时才发生改变。

② MySQL 的另一个主要的缺陷是缺乏标准的 RI（Referential Integrity）机制。

1.2.3　MySQL 的应用环境

目前 MySQL 用户已经达千万级别，其中不乏企业级用户。可以说 MySQL 是目前最为流行的开源数据库管理系统软件。任何产品都不可能是万能的，也不可能适用于所有的应用场景。MySQL 主要在以下几个场景进行应用。

1. Web 网站系统

Web 站点是 MySQL 最大的客户群，也是 MySQL 发展史上最为重要的支撑力量。MySQL 之所以能成为 Web 站点开发者们青睐的数据库管理系统，是因为 MySQL 数据库的安装配置都非常简单，使用过程中的维护也不像很多大型商业数据库管理系统那么复杂，并且性能出色。还有一个非常重要的原因就是 MySQL 是开放源代码的，完全可以免费使用。

2. 日志记录系统

MySQL 数据库的插入和查询性能都非常高效，如果设计较好，在使用 MyISAM 存储引擎的时候，两者可以做到互不锁定，达到很高的并发性能。所以，对需要大量的插入和查询日志记录的系统来说，MySQL 是非常不错的选择。比如，处理用户的登录日志、操作日志等，都是非常适合的应用场景。

3. 数据仓库系统

随着现在数据仓库数据量的飞速增长，需要的存储空间越来越大。数据量的不断增长，使数据的统计分析变得越来越低效，也越来越困难。这里有几个主要的解决思路：第一个是采用昂贵的高性能主机以提高计算性能，用高端存储设备提高 I/O 性能，效果理想，但是成本非常高；第二个就是通过将数据复制到多台使用大容量硬盘的廉价 PC Server 上，以提高整体计算性能和 I/O 能力，效果尚可，存储空间有一定限制，成本低廉；第三个，通过将数据水平拆分，使用多台廉价的 PC Server 和本地磁盘来存放数据，每台机器上面都只有所有数据的一部分，解决了数据量的问题，所有 PC Server 一起并行计算，也解决了计算能力问题，通过中间代理程序调配各台机器的运算任务，既可以解决计算性能问题，又可以解决 I/O 性能问题，成本也很低廉。在上面的三个方案中，实现第二个和第三个，都使 MySQL 有较大的优势。通过 MySQL 的简单复制功能，可以很好地将数据从一台主机复制到另外一台，不仅仅在局域网内可以复制，在广域网同样可以。当然，很多人可能会说，其他的数据库同样也可以做到，不是只有 MySQL 有这样的功能。确实，很多数据库同样能做到，但是 MySQL 是免费的，其他数据库大多都是按照主机数量或者 CPU 数量来收费。当使用大量的 PC Server 的时候，license 费用相当惊人。第一个方案，基本上所有数据库系统都能够实现，但是其高昂的成本并不是每一个公司都能够承担的。

4. 嵌入式系统

嵌入式环境对软件系统最大的限制是硬件资源非常有限，在嵌入式环境下运行的软件系统，必须是轻量级低消耗的软件。

MySQL 在资源的使用方面的伸缩性非常大，可以在资源非常充裕的环境下运行，也可以在资源非常少的环境下正常运行。它对于嵌入式环境来说，是一个非常合适的数据库系统，并且 MySQL 有专门针对嵌入式环境的版本。

1.2.4 MySQL 的管理软件

几乎每个开发人员都有最钟爱的 MySQL 管理工具，它提供各种最新的特性，包括触发器、事件、视图、存储过程和外键，支持导入、数据备份、对象结构等多种功能。

接下来介绍几款常用的 MySQL 管理工具。

1. MyWebSQL

MyWebSQL 主要用于管理基于 Web 的 MySQL 数据库。与桌面应用程序的接口工作流程相似，用户无须切换网页即可完成一些简单的操作。如果正在操作桌面，只要登录数据库，就可以管理数据库了，如图 1－1 所示。

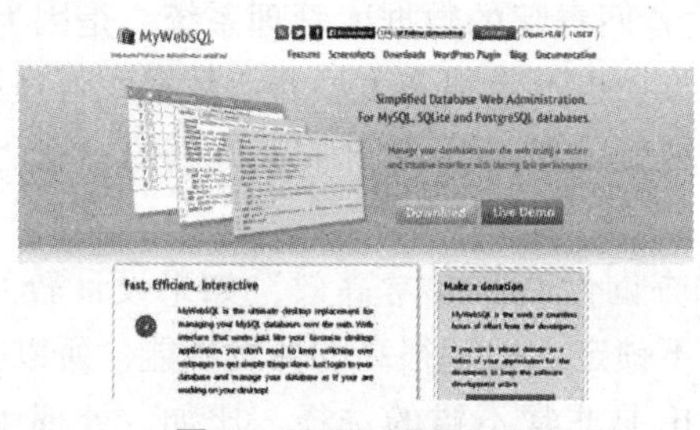

图 1－1 MyWebSQL

2. Navicat

Navicat 是 MySQL 和 MariaDB 数据库管理与开发理想的解决方案。它可同时在一个应用程序上连接 MySQL 和 MariaDB 数据库。这种兼容前端为数据库提供了一个直观而强大的图形界面管理、开发和维护功能，为初级 MySQL 和 MariaDB 开发人员和专业开发人员都提供了一组全面的开发工具，如图 1－2 所示。

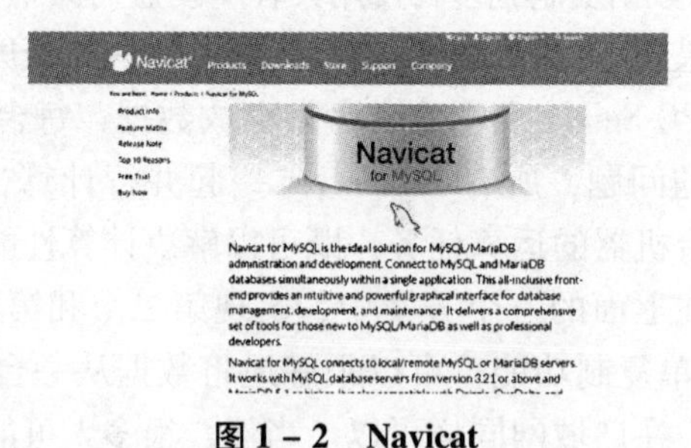

图 1－2 Navicat

3. SQLyog

SQLyog 是一款功能最强大的 MySQL 管理工具，它综合了 MySQL 工作台、PHP MyAdmin 和其他 MySQL 前端及 MySQL GUI 工具的特点。该款应用程序可以同时连接任意数量级的 MySQL 服务器，用于测试和生产。所有流程仅需登录 MySQL root 以收集数据，用户无须将其安装在 MySQL 服务器上，如图 1－3 所示。

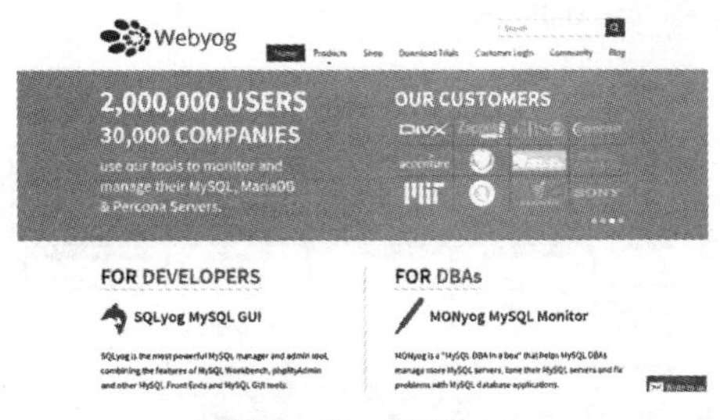

图 1－3　SQLyog

4. MyDB Studio

MyDB Studio 是一款免费的 MySQL 数据库管理器应用程序。该工具强大到几乎可以获取到任何想要的功能，并能够连接到无限量级的数据库。通过创建、编辑或删除数据库、表格和记录，就可以备份/恢复并导出为多个格式，如图 1－4 所示。

图 1－4　MyDB Studio

5. SQL Lite Manager

SQL Lite Manager 可用于查询数据，将 MySQL 查询转化为兼容 SQL Lite 数据库，并能创建和编辑触发器。SQL Lite Manager 有多种皮肤选项，是一个含现成语言文件的多语言资源，如图 1－5 所示。

图 1－5　SQL Lite Manager

SQL Lite Manager 是一款基于 Web 的开源应用程序，用于管理无服务器、零配置 SQL Lite 数据库。

1.2.5　MySQL 的体系结构

要了解 MySQL，必须牢牢记住其体系结构图，MySQL 是由 SQL 接口、解析器、优化器、缓存、存储引擎组成的，如图 1－6 所示。

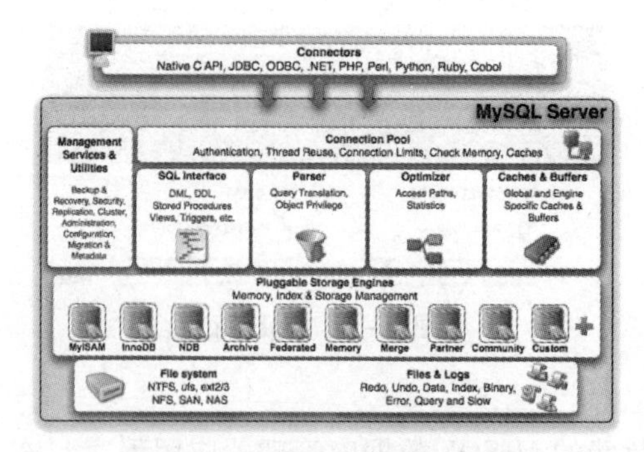

图 1－6　MySQL 体系结构图

Connectors：指的是不同语言中与 SQL 的交互。

Management Services & Utilities：系统管理和控制工具。

Connection Pool：连接池。管理缓冲用户连接、线程处理等需要缓存的需求。

SQL Interface：SQL 接口。接受用户的 SQL 命令，并且返回用户需要查询的结果。比如 select from 就是调用 SQL Interface。

Parser：解析器。SQL 命令传递到解析器的时候会被解析器验证和解析。解析器是由 Lex 和 YACC 实现的，是一个很长的脚本。

主要功能为将 SQL 语句分解成数据结构，并将这个结构传递到后续步骤，以后 SQL 语句的传递和处理就是基于这个结构的。如果在分解构成中遇到错误，那么就说明这个 SQL 语句是不合理的。

Optimizer：查询优化器。SQL 语句在查询之前会使用查询优化器对查询进行优化。它使用的是“选取—投影—连接”策略进行查询。

Cache 和 Buffer：查询缓存。如果查询缓存能得到查询结果，查询语句就可以直接在查询缓存中取数据。这个缓存机制是由一系列小缓存组成的，比如表缓存、记录缓存、key 缓存、权限缓存等。

Engine：存储引擎。存储引擎是 MySQL 中具体的与文件打交道的子系统，也是 MySQL 最具有特色的一个地方。

MySQL 的存储引擎是插件式的。它根据 MySQL AB 公司提供的文件访问层的一个抽象接口来定制一种文件访问机制（这种访问机制就叫存储引擎）。现在有很多种存储引擎，各个存储引擎的优势各不一样，最常用的是 MyISAM 和 InnoDB。

① 默认下 MySQL 是使用 MyISAM 引擎，它查询速度快，有较好的索引优化和数据压缩技术，但是它不支持事务。

② InnoDB 支持事务，并且提供行级的锁定，应用也相当广泛。

MySQL 也支持自己定制存储引擎，甚至一个库中不同的表使用不同的存储引擎，这些都是允许的。

1.3　数据库访问技术

伴随着数据库的不断发展，同时出现了很多种数据库访问技术，比较具有代表性的是以下几种技术。

1. ODBC 技术

ODBC（Open Database Connectivity，开放数据库互联）是微软公司开放服务结构（Windows Open Services Architecture，WOSA）中有关数据库的一个组成部分，它建立了一组规范，并提供了一组对数据库访问的标准 API（应用程序编程接口）。这些 API 利用 SQL 来完成其大部分任务。ODBC 本身也提供了对 SQL 语言的支持，用户可以直接将 SQL 语句送给 ODBC。

ODBD 通过引进 ODBC 驱动，将其当作应用程序，与 DBMS 的中间翻译层一起来实现 ODBC 接口与 DBMS 的无关性。实现了 ODBC 接口的应用程序可以访问任何安装了 ODBC 驱动的 DBMS。

应用程序要访问一个数据库，首先必须用 ODBC 管理器注册一个数据源。管理器根据数据源提供的数据库位置、数据库类型及 ODBC 驱动程序等信息，建立起 ODBC 与具体数据库的联系。这样，只要应用程序将数据源名提供给 ODBC，ODBC 就能建立起与相应数据库的连接。

在 64 位系统中打开 ODBC 管理器的方法为：

① 查看兼容的 32 位 ODBC 驱动：启动 C:\WINDOWS\SysWOW64\odbcad32. exe。

② 查看 64 位 ODBC 驱动，启动 C:\WINDOWS\system32\odbcad32. exe 或者“控制面板”→“管理工具”→“数据源（ODBC）”。

2. OLE - DB 技术

随着数据源日益复杂化，现今的应用程序很可能需要从不同的数据源取得数据加以处理，再把处理过的数据输出到另外一个数据源中。更麻烦的是，这些数据源可能不是传统的关系数据库，而可能是 Excel 文件、E - mail、Internet/Intranet 上的电子签名信息。Microsoft 为了让应用程序能够以统一的方式存取各种不同的数据源，在 1997 年提出了 Universal Data Access（UDA）架构。UDA 以 COM 技术为核心，协助程序员存取企业中各类不同的数据源。UDA 以 OLE - DB（属于操作系统层次的软件）作为技术的骨架。OLE - DB 定义了统一的 COM 接口作为存取各类异质数据源的标准，并且封装在一组 COM 对象之中。借由 OLE - DB，程序员就可以使用一致的方式来存取各种数据。但 OLE - DB 仍然是一个低层次的，利用效率不高。由于 OLE - DB 和 ODBC 标准都是为了提供统一的访问数据接口，所以曾经有人疑惑：OLE - DB 是不是替代了 ODBC 的新标准？答案是否定的。实际上，ODBC 标准的对象是基于 SQL 的数据源（SQL - Based Data Source），而 OLE - DB 的对象则是范围更为广泛的任何数据存储。从这个意义上说，符合 ODBC 标准的数据源是符合 OLE - DB 标准的数据存储的子集。

3. ADO 技术

虽然 OLE - DB 允许程序员存取各类数据，是一个非常良好的架构，但是由于 OLE - DB 太底层化，并且在使用上非常复杂，需要程序员拥有高超的技巧，因此只有少数的程序员才有办法使用 OLE - DB。这让 OLE - DB 无法广为流行。为了解决这个问题，并且让 VB 和脚本语言也能够借由 OLE - DB 存取各种数据源，Microsoft 同样以 COM 技术封装 OLE - DB 为 ADO 对象（这一步是很重要的，实现了多种程序可以互相调，并且可以开发的语言也丰富了），简化了程序员数据存取的工作。由于 ADO 成功地封装了 OLE - DB 大部分的功能，并且大量简化了数据存取工作，因此 ADO 也逐渐被越来越多的程序员所接受。

4. ADO. NET技术

ADO和ADO. NET的目的都是为编写数据源访问程序提供支持，但它们是两种完全不同的技术。ADO使用OLE－DB接口并基于微软的COM技术，而ADO. NET基于微软的.NET体系架构，拥有自己的ADO. NET数据库访问接口。众所周知，.NET体系不同于COM体系，ADO. NET接口也就完全不同于ADO和OLE DB接口，这也就是说，ADO. NET和ADO是两种数据访问方式。

在开始设计.NET体系架构时，微软就决定重新设计数据访问模型，以便能够完全基于XML和离线计算模型。两者的区别主要有：

① ADO以Recordset存储，而ADO. NET则以DataSet存储。Recordset看起来更像单表，如果让Recordset以多表的方式表示，就必须在SQL中进行多表连接。反之，DataSet可以是多个表的集合。

② ADO的运作是一种在线方式，这意味着不论是浏览还是更新数据，都必须是实时的。ADO. NET则使用离线方式，在访问数据的时候，ADO. NET会利用XML制作数据的一份副本，ADO. NET的数据库连接也只有在这段时间需要在线。

③ 由于ADO使用COM技术，这就要求所使用的数据类型必须符合COM规范；而ADO. NET基于XML格式，数据类型更为丰富，并且不需要再做COM编排导致的数据类型转换，从而提高了整体性能。

5. JDBC技术

JDBC（Java Database Connectivity）是一种用于执行SQL语句的Java API，可以为多种关系数据库提供统一访问，它由一组用Java语言编写的类和接口组成。

JDBC与ODBC一样，也是很底层的接口，可以直接调用SQL命令。在它之上可以建立高级接口和工具。高级接口是“用户友好”的接口，它使用的是一种更易理解和更为方便的API，这种API在幕后被转换为诸如JDBC这样的低级接口。

JDBC与ODBC都是基于X/Open的SQL调用级接口。JDBC的设计在思想上沿袭了ODBC，同时在其主要抽象和SQL CLI实现上也沿袭了ODBC，这使得JDBC容易被接受。JDBC的总体结构类似于ODBC，也有四个组件：应用程序、驱动程序管理器、驱动程序和数据源。JDBC保持了ODBC的基本特性，也独立于特定数据库。使用相同源代码的应用程序通过动态加载不同的JDBC驱动程序，可以访问不同的DBMS。连接不同的DBMS时，各个DBMS之间仅通过不同的URL进行标识。JDBC的DatabaseMetaData接口提供了一系列方法，可以检查DBMS对特定特性的支持，并相应确定有什么特性，从而能对特定数据库的特性予以支持。与ODBC一样，JDBC也支持在应用程序中同时建立多个数据库连接，采用JDBC可以很容易地用SQL语句同时访问多个异构的数据库，为异构的数据库之间的互操作奠定基础。

6. ODAC

ODAC全称Oracle数据访问组件（Oracle Data Access Components），是由Oracle官方提供的在.NET环境下进行Oracle数据库编程的一套工具组件。ODAC完全包括了开发所用的组件，例如ODP. NET、ODT、Oracle Provider for OLE DB等工具。

其中，ODP. NET提供了比ADO. NET更为优化的Oracle数据库访问功能。

小　结

数据库（Database）是按照数据结构来组织、存储和管理数据的仓库。

从数据管理的角度看，数据库的发展历史分为三个阶段：人工管理阶段、文件系统阶段和数据库管理系统阶段。

数据库通常分为层次式数据库、网络式数据库和关系数据库三种。

关系模型由关系数据结构、关系操作集合、关系完整性约束三部分组成。

MySQL 是一种开放源代码的关系型数据库管理系统（RDBMS），并且使用 SQL 进行管理。

在关系数据库结构模型中，一个关系称为一个数据库，若干个数据库可以构成一个数据库系统。

关系数据库管理系统（Relational Database Management System，RDBMS）是指包括相互联系的逻辑组织和存取这些数据的一套程序（数据库管理系统软件）。

关系模型由关系数据结构、关系操作集合、关系完整性约束三部分组成。

实体关系模型中的关系，存在 3 种一般性关系：一对一、一对多和多对多关系，它们用来描述实体集之间的对应关系。

表是以行和列的形式组织起来的数据的集合。一个数据库包括一个或多个表。

了解常用的 MySQL 数据库管理软件。

了解常用的数据库访问技术。

思考与练习 1

1. 简述数据库的定义，以及数据库在现实生活中的应用。
2. 数据库的分类有哪几种？
3. 数据库中关系模型的构成是什么？
4. 实体关系模型中，一对一、一对多和多对多关系在现实生活中有哪些具体实例？
5. 在关系型数据库中，表的构成是什么？

项目 2　MySQL 的安装与配置

学习目标

掌握 MySQL 数据库的下载；掌握如何使用安装版 MySQL 数据库；掌握如何使用绿色版 MySQL 数据库；掌握使用如何连接，并断开 MySQL 数据库。

大型商业数据库功能都很强大，价格也非常高昂，因此，许多中小型企业开始将目光转向开源数据库，开源数据库有着速度快、易用性好、支持 SQL、对网络的支持、可移植性、费用低等特点，完全能够满足中小企业的要求。在诸多开源数据库产品中，MySQL 被称为是“最受欢迎的数据库”。

2.1　MySQL 服务器的安装与配置

1. MySQL 服务器的安装

① 下载 MySQL 软件。MySQL 针对个人用户和商业用户提供了不同版本的产品。MySQL 社区版是提供个人用户免费下载的开源数据库。而对于商业客户，有标准版、企业版、集成版等多种版本可供选择，以满足特殊的商业和技术需求。

MySQL 是开源软件，个人用户可以登录其官方网站直接下载相应的版本。登录其官方网站 http://www. mysql. com，选择 MySQL 社区版版本，平台选择如 Microsoft Windows，有 MSI Installer 和 ZIP Archive 两种安装包。针对不同的操作系统和不同版本的 MySQL，安装过程可能有所不同，下面针对 Windows 版的 MySQL 5. 5. 1 MSI Installer 安装包的安装过程进行介绍。

② 下载并且解压后双击打开安装向导，如图 2 – 1 所示。

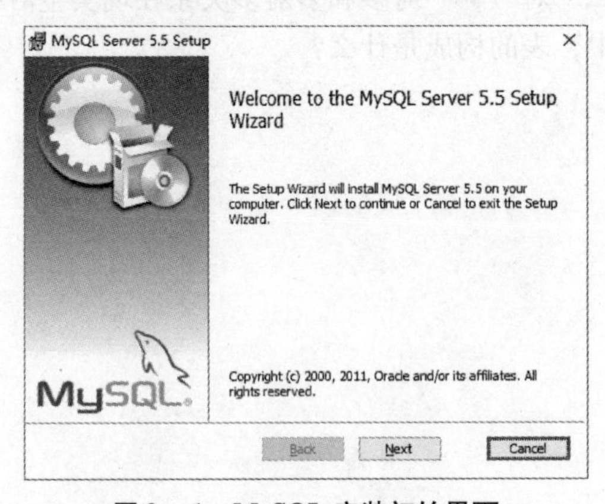

图 2 – 1　MySQL 安装初始界面

之后单击“Next”按钮打开如图 2 – 2 所示窗口。

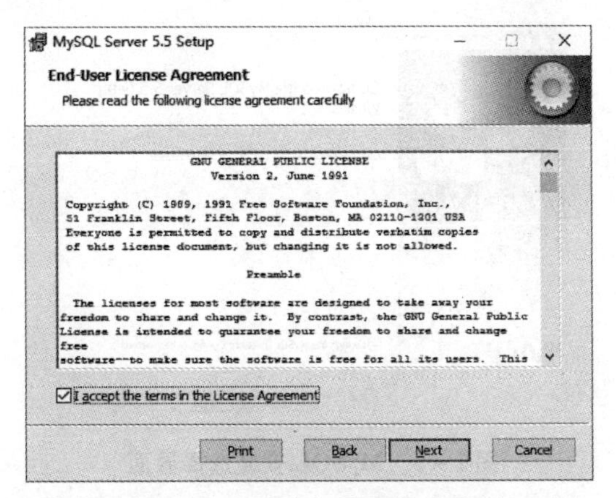

图2-2　MySQL接受许可界面

选择图2-2中的复选框，接着单击“Next”按钮，进入如图2-3所示的窗口。

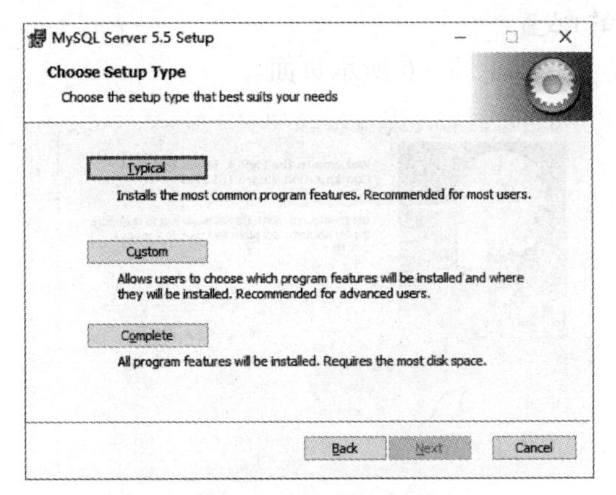

图2-3　MySQL安装选择界面

有3种安装方式可供选择：Typical（典型安装）、Complete（完全安装）和Custom（定制安装），对于大多数用户，选择Typical选项即可。

③ 选择Typical后，单击“Install”按钮，安装完毕后，弹出如图2-4所示窗口。

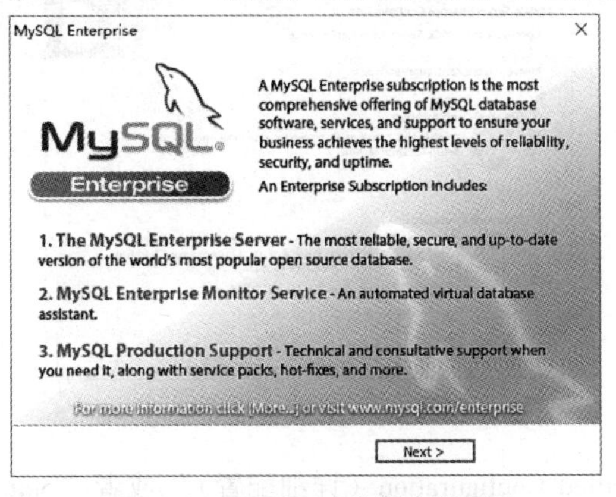

图2-4　MySQL企业版介绍界面

此时单击“Next”按钮，进入如图2-5所示页面结束安装。

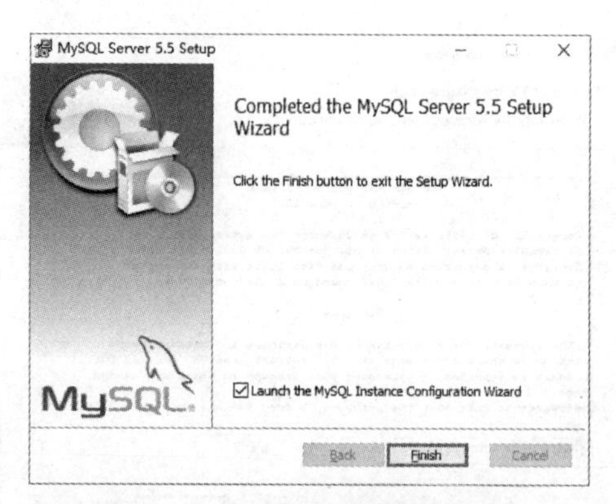

图 2-5　MySQL 安装选择界面

选择“Launch the MySQL Instance Configuration Wizard”复选框，之后单击“Finish”按钮进行配置。

2. MySQL 服务器的配置

按照上述步骤操作，进入如图 2-6 所示页面。

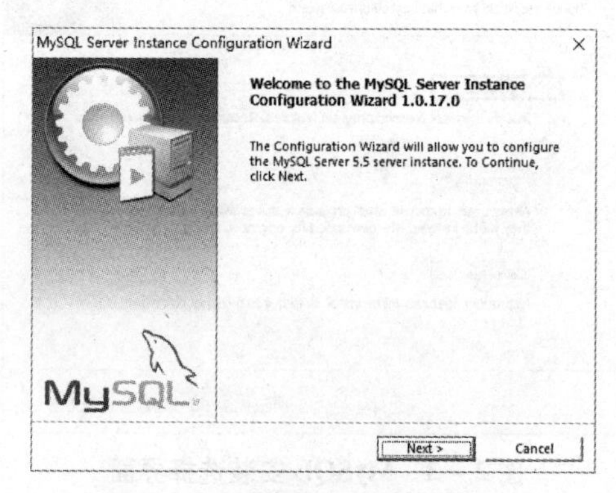

图 2-6　MySQL 配置初始界面

单击“Next”按钮，进入如图 2-7 所示窗口。

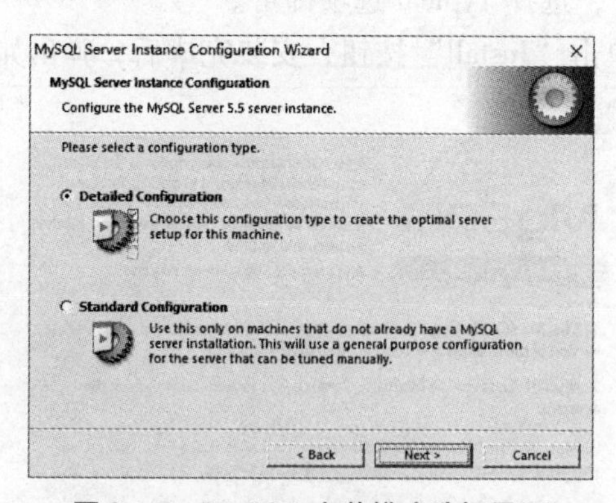

图 2-7　MySQL 安装模式选择界面

此时可以选择“Detailed Configuration（详细配置）”或者“Standard Configuration（标准配置）”。本书中选择“Detailed Configuration”选项，单击“Next”按钮进入如图 2-8 所示窗口。

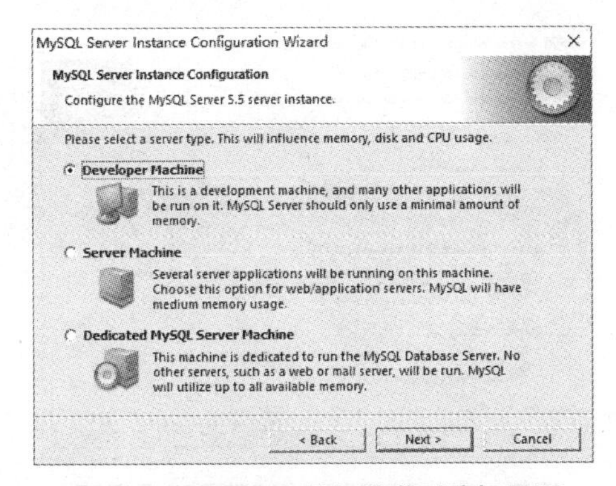

图 2-8　MySQL 服务器类型选择界面

此时安装程序要求选择服务器类型，共分为三种：Developer Machine（开发机器）、Server Machine（服务器）和 Dedicated MySQL Server Machine（专用 MySQL 服务器）。本书中选择 Developer Machince 选项。

单击“Next”按钮打开如图 2-9 所示的数据库使用情况对话框。

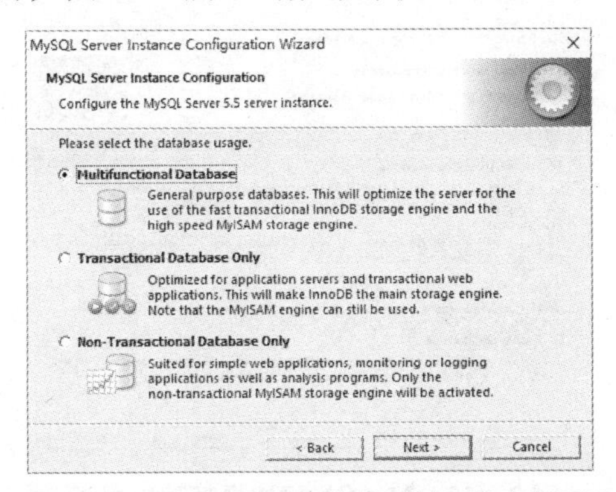

图 2-9　MySQL 数据库使用情况选择界面

此时有三个选项：Multifunctional Database（多功能数据库）、Transactional Database Only（仅事物处理数据库）和 Non-Transactional Database Only（仅非事物处理数据库）。本书中选择 Multifunctional Database 选项，单击“Next”按钮，进入如图 2-10 所示窗口。

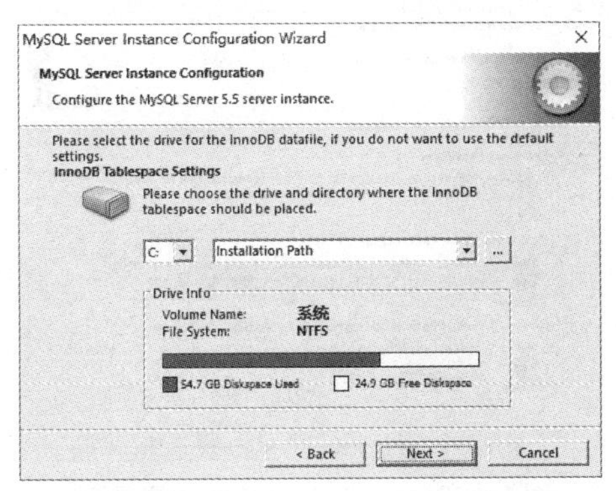

图 2-10　MySQL 数据库文件存储位置配置界面

此时对数据库的 InnoDB datafile 的存储位置，本书中不做修改，直接单击“Next”按钮，进入如图 2-11 所示窗口。

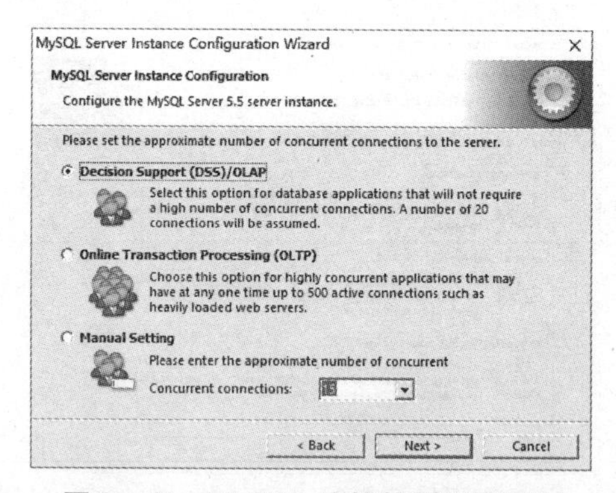

图 2－11 MySQL 连接数量配置界面

此时窗口中有三个选项：Decision Support(DSS)/OLAP（若服务器不需要大量的并行连接的时候可选此项）、Online Transaction Processing(OLTP)（若服务器需要大量的并行连接的时候可选此项）和 Manual Setting（可手动设置服务器的并连数量）。本书中选择第一个选项。

单击“Next”按钮后进入如图 2－12 所示窗口。

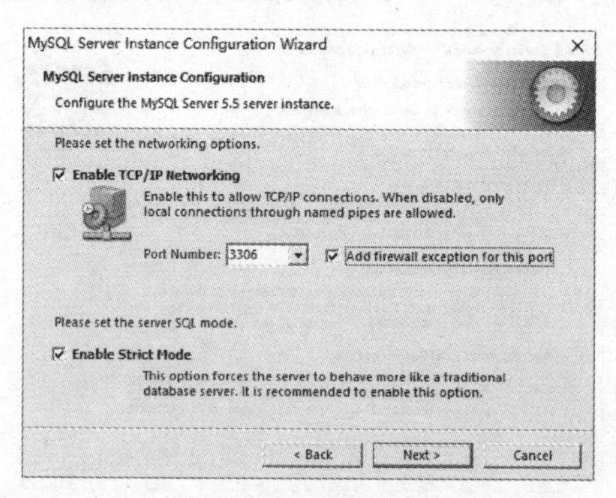

图 2－12 MySQL 网络选项配置界面

默认使用 Enable TCP/IP Networking，默认端口是 3306，此处不做修改。建议选中“Add firewall exception for this port（为此端口添加防火墙例外）”。

单击“Next”按钮打开字符集选择对话框，如图 2－13 所示。

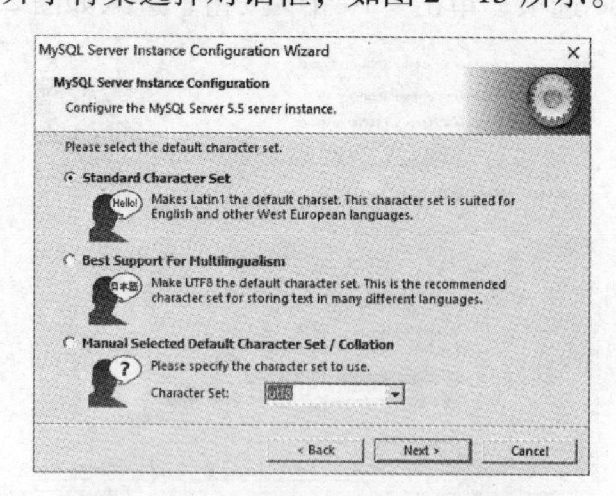

图 2－13 MySQL 字符集配置界面

此时选择最后一个选项，在 Character Set 中将“latin1”修改为“utf8”。

单击“Next”按钮后进入下一个窗口，如图 2－14 所示。

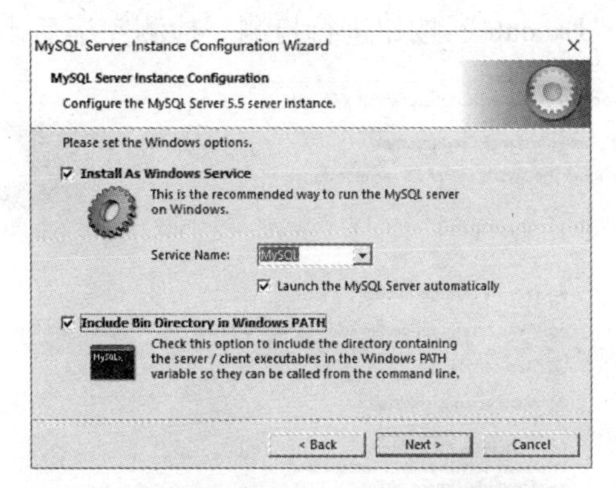

图 2 - 14　MySQL Windows 选项配置界面

在当前的窗口中，有三个复选框：Install As Windows Service（作为 Windows 服务进行安装）、Launch the MySQL Server automatically（MySQL 服务器自动载入）和 Include Bin Directory in Windows PATH（将 Bin 文件夹位置加入 PATH 环境变量中），以及一个下拉框：Service Name（服务名）。

推荐按照图 2 - 14 进行配置。配置完毕后，单击“Next”按钮进入如图 2 - 15 所示窗口。

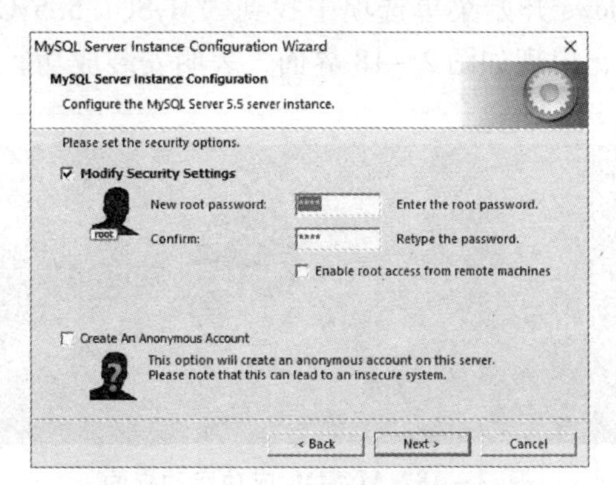

图 2 - 15　MySQL 设置安全选项界面

在图 2 - 15 中有三个复选框选项：Modify Security Settings（修改安全设置）、Enable root access from remote machines（允许从远程计算机访问）和 Create An Anonymous Account（创建匿名账户）。可以在文本框中输入新的密码及确认密码。不建议创建匿名账户。

配置完毕后，单击“Next”按钮进入如图 2 - 16 所示界面。

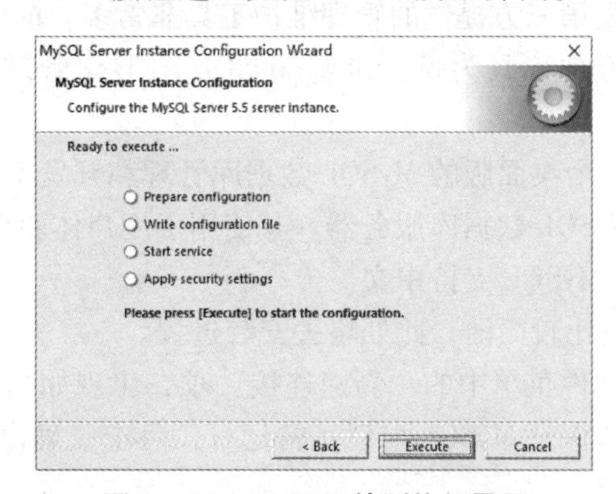

图 2 - 16　MySQL 检测执行界面

当准备就绪后，单击“Execute”按钮进行检测。检测完毕后出现如图 2－17 所示窗口。

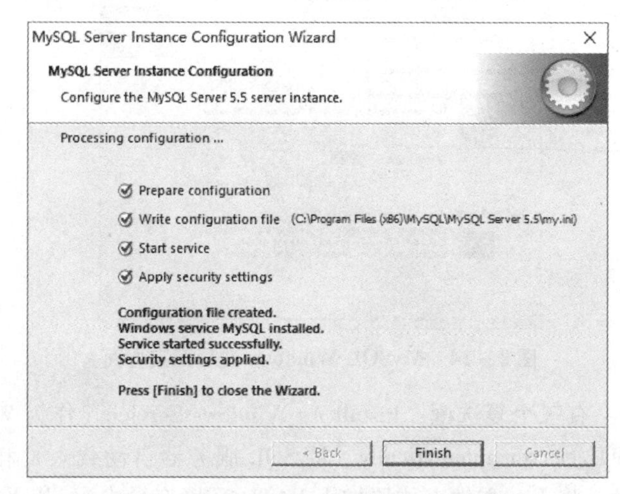

图 2－17　MySQL 检测执行完毕界面

检测完毕后，单击“Finish”按钮结束安装。

安装完毕后，在 Windows 开始菜单选项中找到“MySQL 5.5 Command Line Client”，单击开始执行，输入“root”，出现如图 2－18 界面，表明安装成功。

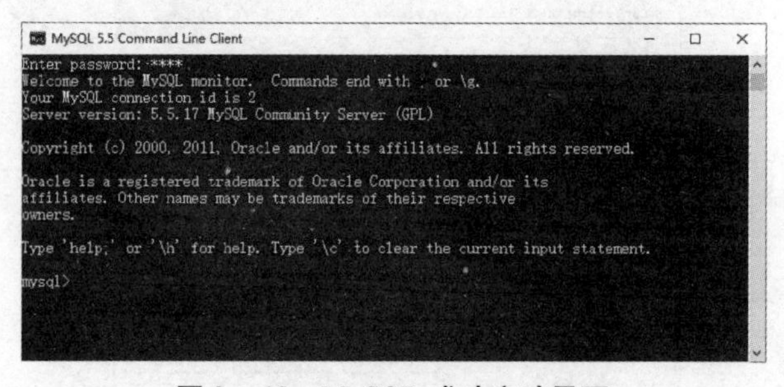

图 2－18　MySQL 成功启动界面

2.2　MySQL 图形化管理工具

MySQL 数据库系统只提供命令行客户端（MySQL Command Line Client）管理工具用于数据库的管理与维护，但是第三方提供的管理维护工具非常多，前面也介绍了几种，本节以 Navicat for MySQL 图形化管理工具为例，讲解 MySQL 图形化管理工具的基本安装与使用方法。

Navicat for MySQL 是一个桌面版的 MySQL 数据库管理和开发工具。Navicat for MySQL 匹配 3.21 版或更高版本的 MySQL 数据库服务器。其使用了用户体验良好的图形用户界面，很受用户的欢迎。Navicat for MySQL 支持中文。

Navicat for MySQL 安装比较简洁，此处略去安装过程。

运行该程序后，单击文件菜单中的“新建连接”项，出现如图 2－19 所示窗口。

正确填写相关信息，并保证 MySQL 可以正常运行，单击“确定”按钮后，出现如图2－20 所示窗口。

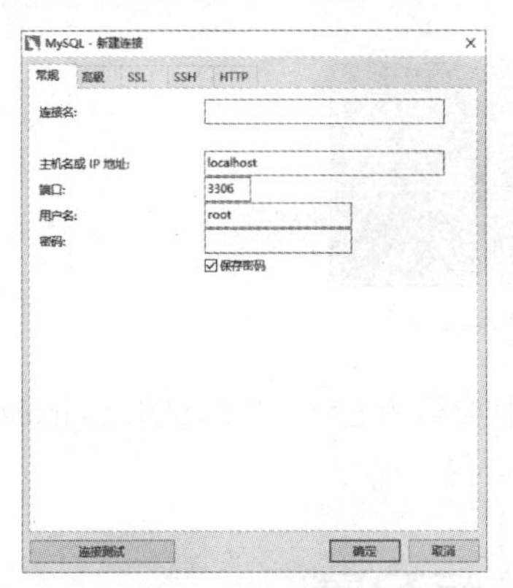

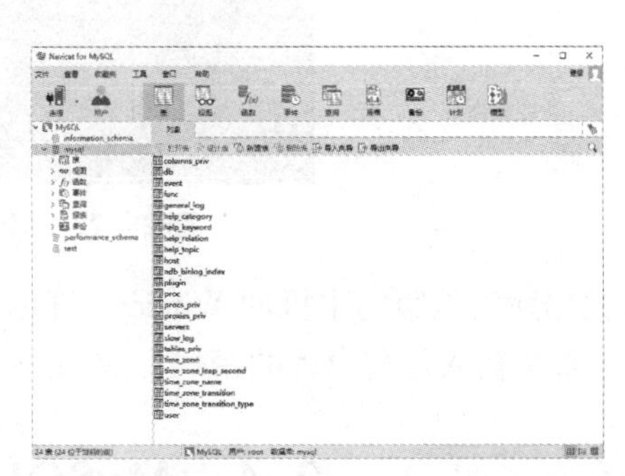

图2-19　Navicat for MySQL新建连接窗口　　**图2-20　Navicat for MySQL主窗口**

此时即可使用Navicat for MySQL对连接到的MySQL数据库进行管理。相关的具体的操作，后面将进行详细讲解。

2.3　连接与断开服务器

如果客户端想要连接到MySQL数据库服务器，通常需要在调用时提供一个MySQL用户名及相应的密码。如果数据库服务器在不同客户端登录的计算机上运行，则还需要指定主机名。此时需要确定数据库服务器所使用的主机，以及用户名和密码。如果已经获取到正确的参数，并且正确配置了path环境变量（注：不同版本的操作系统中，path环境变量的具体配置方式不同），则可在命令行中输入下列指令：

```
mysql -h host -u user -p
```

host和user表示MySQL主机名和MySQL用户。如果登录同一台机器上运行的MySQL服务器，可以省略主机，只需使用以下命令：

```
mysql -u user -p
```

例如，使用"root"登录成功后，如图2-21所示。

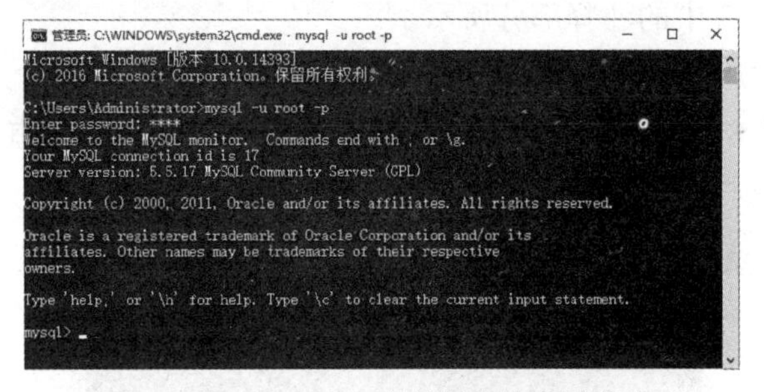

图2-21　MySQL服务器连接登录成功

连接成功后，可以通过在命令行下键入quit断开连接MySQL。效果如图2-22所示。

在UNIX上，也可以通过按快捷键Ctrl+D断开连接。

也可以不通过命令行，而通过使用MySQL Command Line Client进行连接。在运行

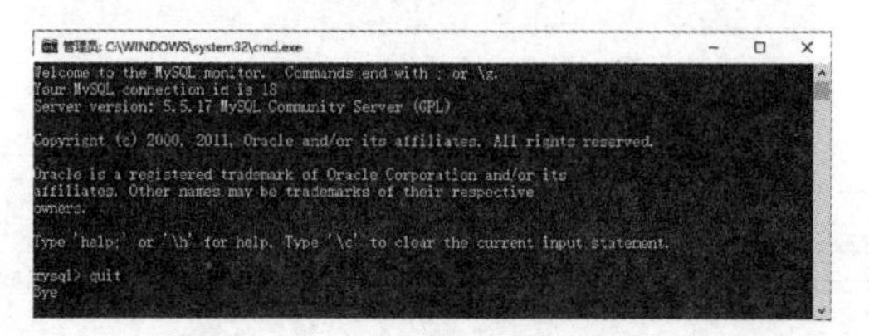

图 2－22 MySQL 服务器断开

MySQL 数据库安装版的主机的 Windows 开始菜单选项中找到并运行“MySQL Command Line Client”，直接输入之前设置的密码，成功后效果如图 2－18 所示。

2.4 MySQL 免安装版配置

在 www.mysql.com 主页中，不仅提供了 Windows 平台下的 MySQL 的安装版本，还提供了 MySQL 的免安装版，接下来本书将介绍如何配置运行 MySQL 的免安装版。

首先获取到 MySQL 免安装版文件，并将其解压缩到相应文件夹。

本书中将文件解压至 D:\mysql－noinstall－v5 文件夹中。进入 D:\mysql－noinstall－v5 文件夹中，新建一个文件，命名为“my.ini”，使用记事本程序打开，输入内容如图 2－23 所示。

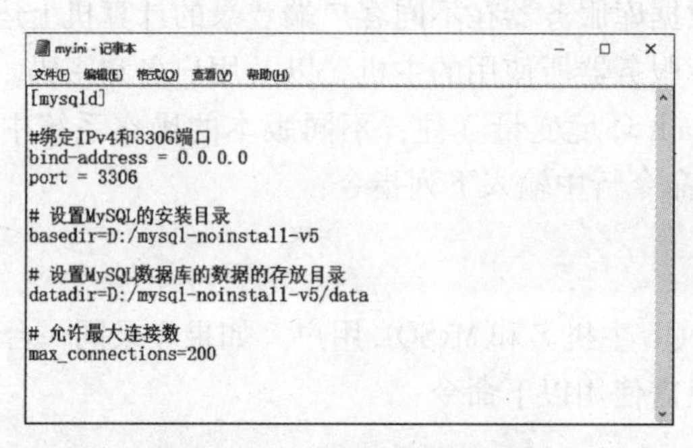

图 2－23 my.ini 文件配置

鉴于 MySQL 配置文件中涉及的知识点过多，本配置文件中仅仅列出了几项必要的参数，所对应的含义如图 2－23 中的注释部分所示。

进入 Windows 平台下的命令行，进入 MySQL 解压后的文件夹下的 bin 目录中，执行“mysqld － install”指令，出现成功提示后，执行“net start mysql”指令启动服务。效果如图 2－24 所示。

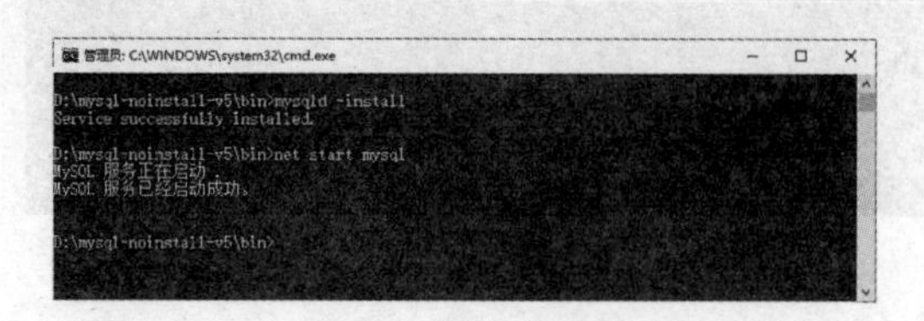

图 2－24 MySQL 免安装版服务启动效果

此时即可连接到 MySQL 服务器进行相应的后续操作。

小　　结

MySQL 安装文件均可在官方主页 www. mysql. com 上进行下载。

MySQL 安装版的具体安装使用过程。

MySQL 图像化管理工具 Navicat for MySQL 的安装与使用。

在 Windows 平台下可以通过命令行提示符进行数据库的连接与断开，也可以通过执行 MySQL Command Line Client 连接数据库。

MySQL 免安装版的具体的配置使用方法和步骤。

综合实训 2

一、实训目的

1. 掌握 MySQL 数据库的安装与配置。
2. 掌握 MySQL 图形化管理工具的安装。
3. 学会使用命令行方式及图形管理工具来连接和断开服务器的具体操作。

二、实训内容

1. 登录 MySQL 官方网站，下载合适版本，安装 MySQL 服务器。
2. 配置测试所安装的 MySQL 服务器。
3. 安装 Navicat for MySQL 并对数据库进行管理。
4. 使用两种不同的方式连接到 MySQL 服务器。
5. 断开同 MySQL 数据库的连接。

思考与练习 2

1. 在命令行中连接到本机 MySQL 服务器的指令是什么？
2. MySQL 服务器的配置文件名是什么？
3. 如何使用命令安装和移除服务？

项目3　创建与管理数据库和表

学习目标

在项目2中已经安装配置好MySQL，接下来需要创建数据库，这是使用MySQL数据库各种功能的前提。本项目将详细介绍数据的基本操作，主要内容包括：创建数据库、管理数据库、删除数据库、数据表的创建修改删除和常用的基本数据类型。

3.1　创建与管理数据库

数据库可以看成是一个存储数据对象的容器。这些数据对象包括表、视图、触发器、存储过程等。如图3-1所示，其中数据表是最基本的数据对象，用于存放数据。

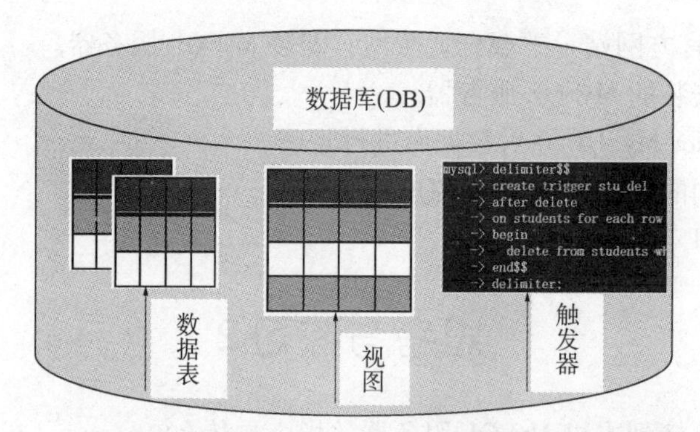

图3-1　数据库作为容器存储数据库对象示意

MySQL安装完成之后，将会在其data目录下自动创建几个必需的数据库，可以使用show databases语句来查看当前所有存在的数据库，语句执行效果如图3-2所示。

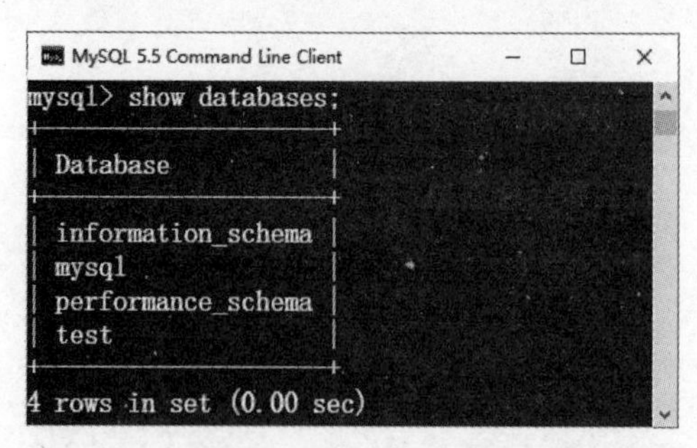

```
mysql> show databases;
+--------------------+
| Database           |
+--------------------+
| information_schema |
| mysql              |
| performance_schema |
| test               |
+--------------------+
4 rows in set (0.00 sec)
```

图3-2　MySQL中data目录下的必需数据库

可以看到，数据库列表中包含了4个数据库，information_schema和mysql数据库是系统数据库，MySQL数据库的系统信息都存储在这两个数据库中。若删除这些系统数据库，

MySQL 将不能正常工作。其中 mysql 数据库是必需的，它描述用户访问权限；test 数据库经常用于做测试工作；而对于用户的数据，需要创建新的数据库来存放。

3.1.1 创建数据库

创建数据库是在系统磁盘上划分一块区域用于数据的存储和管理，如果管理员在设置权限的时候为用户创建了数据库，则可以直接使用，否则，需要自己创建数据库。MySQL 中创建数据库的基本 SQL 语法格式为：

```
create {database|schema} [if not exists] 数据库名称
[[default]character set 字符集名|[default] collate 校对规则名];
```

语法格式说明：

① 语句中“[ ]”内为可选项，“{ | }”表示二选一。

② 语句中的英文单词为命令动词，输入命令时，不能更改命令动词含义，但 MySQL 命令解释器对大小写不敏感，因此在输入命令动词时只要词义不变，与大小写无关。

③ 语句中的汉字为变量，输入命令前，一定要用具体的实义词代替。因为 MySQL 命令解释器对大小写不敏感，无论用户输入的是大写还是小写，MySQL 命令解释器都视为小写。

下面就 create database 语句的使用进行说明。

语法说明：

database：创建数据库的关键字。

数据库名称：在文件系统中，MySQL 的数据存储区以目录方式表示 MySQL 数据库。因此，命令中的数据库名字必须符合操作系统文件夹命名规则。

if not exists：在创建数据库前进行判断，只有该数据库名称不存在时才执行 create database 操作。使用该选项可以避免出现数据库已经存在而重复创建的错误。

default：指定默认值。

character set：指定数据库字符集（charset），其后的字符集名要用 MySQL 支持的具体的字符集名称代替，如：gb2312。

常用的字符集简介：gb2312 是简体中文编码，gbk 支持简体中文及繁体中文，big5 支持繁体中文，utf8 支持几乎所有字符。

collate：指定字符集的校对规则，其后的校对规则名要用 MySQL 支持的具体的校对规则名称代替，如：gb2312_chinese_ci。

字符集（charset）：是一套符号和编码。

校对规则（collation）：是在字符集内用于比较字符的一套规则，比如有的规则区分大小写，有的则不区分大小写。

校对规则一般有如下特征：

① 两个不同的字符集不能有相同的校对规则；

② 每个字符集有一个默认校对规则；

③ 存在校对规则命名约定：它们以其相关的字符集名开始，通常包括一个语言名，并且以_ci（大小写不敏感）、_cs（大小写敏感）或_bin（二元）结束。

使用基本的 SQL 语法格式创建数据库，语句执行效果如下：

```
mysql > create database if not exists empMIS
        - > character set gb2312
        - > collate gb2312_chinese_ci;
Query OK, 1 row affected (0.01 sec)
```

根据 create database 的语法格式，在不使用语句中“[ ]”内的可选项的情况下创建数据库的最简化语法：

```
create database database_name;
```

“database_name”为要创建的数据库的名称，该名称不能与已经存在的数据库重名。使用最简化语法创建数据库，语句执行效果如下：

```
mysql > create database empMIS;
Query OK, 1 row affected (0.01 sec)
```

【例 3.1】创建一个名称为 bookDB 的数据库，采用字符集为 utf8，校对规则为 utf8_bin（区分大小写）。语句执行效果如下：

```
mysql > create database if not exists bookDB
     - > character set utf8
     - > collate utf8_bin;
Query OK, 1 row affected (0.01 sec)
```

测试如下两个语句，观察运行结果，并讨论其区别：

```
drop table bookDB;
drop database bookDB;
```

3.1.2 管理数据库

1. 打开数据库

创建数据库以后，需要使用 use 命令指定当前数据库，其语法如下：

```
use 数据库名称;
```

该语句也可以用来从一个数据库“跳转”到另一个数据库。在使用 create database 语句创建数据库之后，该数据库不会自动成为当前数据库，需要用 use 语句来指定。

例如，若要对 empMIS 数据库进行操作，可以先执行 use empMIS 命令，将 empMIS 数据库指定为当前数据库，语句执行效果如下：

```
mysql > use empMIS;
Database changed
```

2. 修改数据库

数据库创建以后，若要修改数据库的参数，可使用 alter database 命令。

语法格式：

```
alter {database |schema} [数据库名称]
[[default]character set 字符集名 | [default] collate 校对规则名];
```

alter database 语法说明可参照 create database 语法说明。

alter database 用于更改数据库的全局特性，这些特性存储在数据库目录中的 db. opt 文件中。用户必须有对数据库进行修改的权限才可以使用 alter database。修改数据库的选项与创建数据库相同，这里不再重复讲解。

若语句中数据库名称省略，则修改当前（默认）的数据库。

【例 3. 2】修改 bookDB 数据库的字符集为 latin1（注意：最后一个字符为阿拉伯数字"1"），校对规则为 latin1_swedish_ci。语句执行效果如下：

```
mysql > alter database bookDB
    - > default character set latin1
    - > default collate latin1_swedish_ci;
Query OK, 1 row affected (0.00 sec)
```

3. 删除数据库

删除已经创建的数据库可使用 drop database 命令。

语法格式：

```
drop database [if exists] 数据库名称;
```

语法说明：

① 数据库名称：要删除的数据库名字。

② if exists：避免删除不存在的数据库时出现的 MySQL 错误信息。

语句执行效果如下：

```
mysql > drop database if exists bookDB;
Query OK, 0 rows affected (0.01 sec)
```

提示：drop database 命令必须小心使用，因为它将永久删除指定数据库的所有信息，包括数据库中所有的数据库对象。

4. 显示数据库命令

显示 MySQL 服务器中已经创建的所有数据库，可以使用 show databases 命令。

语法格式：

```
show databases;
```

执行 show databases 命令后效果如图 3 - 2 所示。

3. 2 创建与管理数据表

在数据库中，数据表是数据库中最重要、最基本的操作对象，是数据存储的基本单位。数据表是由多列、多行组成的表格，数据表包括表结构部分和记录部分，是列的集合，数据在表中是按照行和列的格式来存储的。每一行代表一条唯一的记录，每一列称为一个字段，每一列有一个与其他列不重复的名称，称为字段名。字段名可以根据设计者的需要来命名。数据表中的一列由一组字段值组成，若某个字段的值出现重复，该字段称为普通字段；若某个字段的值不允许重复，该字段称为索引字段。

可以在 bookDB 数据库下创建相关的数据表图书类别表 bookType、图书信息表 bookInfo。例如，表 3－1 为图书类别表的表结构；表 3－2 为图书类别表中的数据；表 3－3 为图书信息表的表结构；表 3－4 为图书信息表中的部分数据。

表 3－1 图书类别表（bookType）表结构

列（字段）名称	数据类型	备注
Btid	int	图书类别编号
Btname	varchar（60）	图书类别名称

表 3－2 图书类别表（bookType）中的部分数据

btid	btname
1001	计算机
1002	经济管理
1003	文学

表 3－3 图书信息表（bookInfo）表结构

列（字段）名称	数据类型	备注
Bid	int	图书编号
Bname	varchar（60）	图书名称
Bprice	float	图书价格
Btid	int	图书类别编号

表 3－4 图书信息表（bookInfo）表中的部分数据

bid	bname	bprice	btid
1	Java 程序设计	56	1001
2	会计基础	45	1002
3	MySQL 数据库基础	36	1001
4	唐诗宋词	22	1003

本节将详细介绍数据表的基本操作，其中包括：创建数据表、查看数据表结构、修改数据表、删除数据表等。

3.2.1 MySQL 常用数据类型

从表 3－2 中的数据可以看出，表中的数据可能有数字，也可能有文字等，所以必须要掌握 MySQL 中常用的数据类型。

MySQL 中常用的数据类型有数值类型、字符串类型、日期和时间类型、二进制数据类型、逻辑类型。

1. 数值类型

MySQL 支持所有标准 SQL 数值数据类型，其中包括严格数值数据类型（integer、smallint、decimal 和 numeric），以及近似数值数据类型（float、real 和 double precision）。

存储数值，每种类型具有不同的存储范围，只是取值范围越大，所需存储空间越多。所有数值类型（除 bit 和 boolean 外）都可以有符号或无符号，有符号数据列可存储正或负的数值，默认情况为有符号。具体类型描述见表 3－5。

表 3－5 常用的数值类型

类型说明	存储需求	取值范围
tinyint[(m)]	1 字节	有符号值：－128～127（$-2^7 \sim 2^7-1$） 无符号值：0～255（$0 \sim 2^8-1$）
smallint[(m)]	2 字节	有符号值：－32 768～32 767（$-2^{15} \sim 2^{15}-1$） 无符号值：0～65 535（$0 \sim 2^{16}-1$）
mediumint[(m)]	3 字节	有符号值：－8 388 608～8 388 607（$-2^{23} \sim 2^{23}-1$） 无符号值：0～16 777 215（$0 \sim 2^{24}-1$）
int[(m)]	4 字节	有符号值：－2 147 683 648～2 147 683 647（$-2^{31} \sim 2^{31}-1$） 无符号值：0～4 294 967 295（$0 \sim 2^{32}-1$）
bigint[(m)]	8 字节	有符号值：－9 223 372 036 854 775 808～9 223 373 036 854 775 807（$-2^{63} \sim 2^{63}-1$） 无符号值：0～18 446 744 073 709 551 615（$0 \sim 2^{64}-1$）
float[(m, d)]	4 字节	最小非零值：±1. 1 754 943 51e－38
double[(m, d)]	8 字节	最小非零值：±2. 2 250 738 585 072 014e－308
decimal (m, d)	m 字节	可变：其值的范围依赖于 m 和 d

MySQL 提供了 5 种整型：tinyint、smallint、mediumint、int 和 bigint（字节数 1、2、3、4、8），这些类型在可表示的取值范围上是不同的。整数列可定义为 unsigned，从而禁用负值，这使列的取值范围为 0 以上。

MySQL 提供三种浮点类型：float、double 和 decimal。与整型不同，浮点类型不能是 unsigned 的，其取值范围也与整型不同，这种不同不仅在于这些类型有最大值，而且还有最小非零值。最小值提供了相应类型精度的一种度量，这对于记录科学数据来说是非常重要的（当然，也有负的最大和最小值）。

在选择了某种数值类型时，应该考虑所要表示的值的范围，只需选择能覆盖要取值的范围的最小类型即可。选择较大类型会对空间造成浪费，使数据表不必要地增大，处理起来没有选择较小类型那样有效。对于整型值，如果数据取值范围较小，如人员年龄或兄弟姐妹数，则 tinyint 最合适。mediumint 能够表示数百万的值，并且可用于更多类型的值，但存储代价较大。bigint 在全部整型中取值范围最大，并且需要的存储空间是整型 int 类型的两倍，因此只在必要时才用。对于浮点值，double 占用 float 的两倍空间。除非特别需要高精度或范围极大的值，一般应使用只用一半存储代价的 float 型来表示数据。

在定义整型列时，可以指定可选的宽度指示器 m 显示大小。m 为一个 1～255 的整数。m 表示用来显示列中值的字符数。例如，mediumint(4) 指定了一个具有 4 个字符显示宽度的 mediumint 列。如果定义了一个没有明确宽度的整数列，将会自动分配给它一个缺省的宽度。缺省值为每种类型的“最长”值的长度。如果某个特定值需要不止 m 个字符，则显示完全的值；不会将值截断以适合 m 个字符。需要注意的是，使用一个宽度指示器不会影响字段的大小和它可以存储的值的范围。

对每种浮点类型，可指定一个最大的显示尺寸 m 和小数位数 d。m 的值应该取 1～255 的整数。d 的值可为 0～30，但是不应大于 m－2。m 和 d 对 float 和 double 都是可选的，但对于 decimal 是必需的。在选择 m 和 d 时，如果省略了它们，则使用缺省值。

2. 字符串类型

这是最常用的数据类型，有两种基本的串类型：定长串和不定长串。定长串存储长度固定的字符，其长度是创建表时指定的，不允许多于指定的字符数据，它们分配的存储空间与指定的一样多，char 属于定长串类型。变长串存储长度可变的文本，有些变长数据类型具有最大的定长，而有些则是完全变长的，不管哪种，只有指定的数据得到保存（不会添加额外的空格保存）。text 属于变长串类型。变长数据类型灵活，定长数据类型高效，MySQL 处理定长数据类型比变长列快很多，MySQL 不允许对变长列（或一个列的可变部分）进行索引，这会极大地影响性能。具体类型描述见表 3－6。

表 3－6 常用的字符串类型

数据类型	说明
char	1～255 个字符的定长串，其长度必须在创建时指定，否则 MySQL 假定为 char(1)
varchar	可变长度，最多不超过 255 B，如在创建时指定 varchar(n)，则可存储 0～n 个字符的变长串
tinytext	同 text，最大长度为 255 B
meduimtext	同 text，最大长度为 16 KB
text	最大长度为 64 KB 的变长文本
longtext	同 text，最大长度为 4 GB（纯文本，一般不会到 4 GB）
enum	接受最多 64 KB 个串组成的预定义集合的某个串
set	接受最多 64 KB 个串组成的预定义集合的零个或多个串

注意：不管何种形式的串数据类型，串值都必须在引号内（通常单引号更好）；如果数值是计算中使用的数值，则应保存在数值数据类型列中；如果作为字符串使用（如电话号码、邮政编码、身份证号），则应保存在串数据类型列中。

3. 日期和时间类型

MySQL 中有多种表示日期和时间的数据类型。其中 year 表示年份，date 表示日期，time 表示时间，datetime 和 timestamp 表示日期和时间。具体类型描述见表 3－7。

表 3-7　常用的日期和时间类型

数据类型	存储字节数	取值范围
date	4	1000-01-01~9999-12-31
time	3	-838:59:59~838:59:59
datetime	8	1000-01-01 00:00:00~9999-12-31 23:59:59
timestamp	4	19700101080001~20380119111407
year	1	1901~2155

注意，当插入值超出有效取值范围时，系统会报错，并将零值插入数据库中。

MySQL 是以"yyyy-mm-dd"格式来显示 date 类型的值的，插入数据时，数据可以保持这种格式。另外，MySQL 还支持一些不严格的语法格式，分隔符"-"可以用"@""."等符号来替代。在插入数据时，也可以使用"yy-mm-dd"格式，yy 转化成对应的年份的规则与 year 类型类似。

time 类型表示为"时：分：秒"，尽管小时范围一般是 0~23，但是为了表示某些特殊时间间隔，MySQL 将 time 的小时范围扩大了，并且支持负值。对 time 类型赋值，标准格式是"hh:mm:ss"，但不一定非要是这种格式。如果插入的是"d hh:mm:ss"格式，则类似插入了"(d*24+hh)：mm:ss"。比如插入"2 23:50:50"，相当于插入了"71:50:50"。如果插入的是"hh:mm"或"ss"格式，则其他未被赋值位置的值为零。比如插入"30"，相当于插入了"00:00:30"；如果插入"11:25"，相当于插入了"11:25:00"。在 MySQL 中，对于"hhmmss"格式，系统能够自动转化为标准格式。如果想插入当前系统的时间，则可以插入 current_time、current_date 或者 now()。

datetime 类型准格式为"yyyy-mm-dd hh:mm:ss"，具体赋值方法与上面的方法相似。

timestamp 的取值范围比较小，没有 datetime 的取值范围大，因此输入值时一定要保证在 timestamp 的范围之内。它的插入也与插入其他日期和时间数据类型类似。那么 timestamp 类型如何插入当前时间？第一，可以使用 current_timestamp；第二，输入 null，系统自动输入当前的 timestamp；第三，无任何输入，系统自动输入当前的 timestamp。另外，有很特殊的一点：timestamp 的数值是与时区相关的。

给 year 类型赋值可以有三种方法：第一种是直接插入 4 位字符串或者 4 位数字。第二种是插入 2 位字符串，这种情况下如果插入"00~69"，则相当于插入 2000~2069；如果插入"70~99"，则相当于插入 1970~1999。第二种情况下插入的如果是"0"，则与插入"00"效果相同，都是表示 2000 年。第三种是插入 2 位数字，它与第二种（插入两位字符串）不同之处仅在于：如果插入的是一位数字 0，则表示的是 0000，而不是 2000 年。所以在给 year 类型赋值时，一定要分清 0 和"0"，虽然两者相差个引号，但实际效果确实相差了 2000 年。

4. 二进制数据类型

二进制类型可存储任何数据，如文字、图像、多媒体等。具体类型描述见表 3-8。

表 3-8 常用的二进制数据类型

数据类型	说明
tityblob	最大长度为 255 B
blob	最大长度为 64 KB
mediumblob	最大长度为 16 MB
longblob	最大长度为 4 GB

5. 逻辑类型：bit

bit 型数据只能取两个值：0 或 1。

MySQL 保存逻辑值时，用 1 代表 true，0 代表 false。boolean 在 MySQL 里的类型为 tinyint(1)；bit 类型在 MySQL 里有四个常量：true、false、TRUE、FALSE，它们分别代表 1、0、1、0。

3.2.2 创建数据表

在创建数据库后，接下来的工作就是创建数据表。所谓创建数据表，指的是在已经创建好的数据库中建立新表。创建数据表的过程是规定数据列属性的过程，同时也是实施数据完整性约束的过程。

1. 创建数据表的语法

因为数据表属于数据库，在创建数据表之前，应该使用语句“use 数据库名”指定操作是在哪个数据库中进行，如果没有选择数据库，会抛出“No database selected”错误。

创建数据表的语句为 create table，语法格式如下：

```
create table [if not exists] <表名>
(
    字段名1 数据类型 [列级别约束条件][默认值],
    字段名2 数据类型 [列级别约束条件][默认值],
    …
    [表级别约束条件]
);
```

语法说明：

if not exists：在创建表前加上一个判断，只有该表目前尚不存在时才执行 create table 操作。用该选项可以避免出现表已经存在，因而无法再新建的错误。

表名：要创建的表的名称。该表名必须符合标识符的命名规则，不区分大小写，不能使用 SQL 语言中的关键字，如 insert、update、delete、drop、alter 等。

字段名：数据表中每列的名称。字段名必须符合标识符的命名规则，长度不能超过 64 个字符，并且在表中要唯一。如果创建多个字段，需要用逗号隔开。

数据类型：数据表中每列的数据类型。有的数据类型需要指明长度 n，并用括号括起来。

列级别约束条件：创建表时给字段添加相应的约束。

默认值：为字段指定默认值，默认值必须为一个常数。

表级别约束条件：在创建表时，在定义所有字段的后面为列添加约束。

【例3.3】在 bookDB 数据库下，创建 bookInfo（图书信息）表，表结构见表3-3。

首先选择创建表的数据库 bookDB，然后再创建表 bookInfo。

SQL 语句执行效果如下：

```
mysql > use bookDB;
Database changed
mysql > create table bookInfo
    - > ( bid int,
    - > bname varchar(60),
    - > bprice float,
    - > btid int
    - > );
Query OK, 0 rows affected (0.21 sec)
```

语句执行后，便在 bookDB 数据库中创建了一个名称为 bookInfo 的数据表，使用 show tables语句查看当前数据库下的数据表是否创建成功，SQL 语句执行效果如下：

```
mysql > show tables;
+-----------------+
|Tables_in_bookdb|
+-----------------+
|bookinfo        |
+-----------------+
1 row in set (0.00 sec)
```

能够看到，bookDB 数据库中已经创建了数据表 bookInfo，数据表创建成功。

2. 查看数据表结构

使用 SQL 语句创建好数据表之后，可以查看表结构的定义，以确认表的定义是否正确。在 MySQL 中，查看表结构可以使用 describe 和 show create table 语句。

describe/desc 语句可以查看表的字段信息，其中包括：字段名、字段数据类型、是否为主键、是否有默认值等。语法规则为：describe 表名或 desc 表名。

语句执行效果如下：

```
mysql > describe bookInfo;
+-----+----------+---+--+------+----+
|Field |Type       |Null |Key |Default |Extra |
+-----+----------+---+--+------+----+
|bid    |int(11)      |YES |   |NULL |  |
|bname  |varchar(60) |YES |   |NULL |  |
|bprice |float        |YES |   |NULL |  |
|btid   |int(11)      |YES |   |NULL |  |
+-----+----------+---+--+------+----+
4 rows in set (0.03 sec)
```

```
mysql > desc bookInfo;
+-----+----------+---+--+------+-----+
|Field |Type          |Null |Key |Default |Extra |
+-----+----------+---+--+------+-----+
|bid    |int(11)       |YES  |     |NULL     |       |
|bname  |varchar(60)   |YES  |     |NULL     |       |
|bprice|float          |YES  |     |NULL     |       |
|btid   |int(11)       |YES  |     |NULL     |       |
+-----+----------+---+--+------+-----+
4 rows in set (0.02 sec)
```

其中，各个列的含义分别解释如下：

null：表示该列是否可以存储 null 值。

key：表示该列是否已编制索引。pri 表示该列是表主键的一部分；uni 表示该列是unique 索引的一部分；mul 表示在列中某个给定值允许出现多次。

default：表示该列是否有默认值，如果有默认值，值是多少。

extra：表示可以获取的与给定列有关的附加信息，例如 auto_increment 自动增长等。

3. 查看表详细结构的语句

show create table 语句可以用来显示创建表时的 create table 语句，语法格式如下：

```
show create table 表名 \G;
```

执行效果如下：

```
mysql > show create table bookInfo \G;
************************** 1. row ****************************
     Table: bookInfo
Create Table: CREATE TABLE 'bookinfo' (
  'bid' int (11) DEFAULT NULL,
  'bname' varchar (60) DEFAULT NULL,
  'bprice' float DEFAULT NULL,
  'btid' int (11) DEFAULT NULL
) ENGINE = InnoDB DEFAULT CHARSET = latin1
1 row in set (0.00 sec)

ERROR:
No query specified
```

提示：如果不加‘\G’参数，显示的结果可能非常混乱，加上参数‘\G’之后，可使显示结果更加直观，易于查看。

3.2.3 管理数据表

1. 用 alter table 语句修改表的结构

有时可能需要改变一下现有表的结构，那么 alter table 语句将是合适的选择。

(1) 增加列

```
alter table 表名 add 字段名  数据类型;
```

例如，给 bookInfo 表增加一列 pub:

```
mysql >alter table bookInfo add pub varchar(80);
```

(2) 修改列

```
alter table 表名 modify 字段名  数据类型;
```

例如，改变 pub 的类型:

```
mysql > alter table bookInfo modify pub char(60);
```

另一种方法是:

```
alter table 表名 change 旧字段名  新字段名  数据类型;
```

例如:

```
mysql > alter table bookInfo change pub pubNew char(60);
```

(3) 删除列

```
alter table 表名 drop 字段名;
```

例如，删除列 pub:

```
mysql >alter table bookInfo drop pub;
```

(4) 给表更名

```
alter table 表名 rename 新表名;
```

例如，把 bookInfo 表更名为 booksInfo:

```
mysql >alter table bookInfo rename booksInfo;
```

2. 利用 select 查询的结果创建表

关系数据库的一个重要概念是，任何数据都表示为行和列组成的表，而每条 select 语句的结果也都是一个行和列组成的表。在许多情况下，来自 select 的“表”仅是一个在显示屏上滚动的行和列的图像。在 MySQL 3.23 以前，如果想将 select 的结果保存在一个表中以便以后的查询使用，必须进行特殊的安排:

① 运行 describe/desc 查询，以确定想从中获取信息的表中的列类型。

② 创建一个表，明确地指定刚才查看到的列的名称和类型。

③ 在创建了该表后，发布一条 insert…select 查询，检索出结果并将它们插入所创建的表中。

现在 MySQL 中全都做了改动。create table…select 语句消除了这些浪费时间的内容，使得能利用 select 查询的结果直接得出一个新表。只需一步就可以完成任务，不必知道或指定所检索的列的数据类型。这使得很容易创建一个完全用所喜欢的数据填充的表，并且为进一步查询做了准备。

如果在 create 语句后指定一个 select 语句，MySQL 将为 select 中所有的列创建新字段。语句执行效果如下：

```
mysql > create table someBook
     - > ( bid int,
     - > bname varchar(80)
     - > )
     - > select bid,bname from bookInfo;
Query OK, 2 rows affected (0.86 sec)
Records: 2 Duplicates: 0 Warnings: 0

mysql > select * from someBook;
+------+-------+
|bid  |bname |
+------+-------+
|1001 |C#    |
|1002 |Java  |
+------+-------+
2 rows in set (0.00 sec)
```

注意，在手复制数据进表时发生任何错误，表将自动被删除。可以通过选择一个表的全部内容（无 where 子句）来复制一个表，或利用一个总是失败的 where 子句来创建一个空表，例如：

```
mysql > create table book1 select * from bookInfo;
mysql > create table book2 select * from bookInfo where 0;
```

3. 用 drop table 语句删除数据表

语法格式如下：

```
drop table [if exists] 表1 [,表2,... 表n]
```

其中“表1，表2，…表n”指要删除的表的名称，后面可以同时删除多个表，只需将要删除的表名依次写在后面，相互之间用逗号隔开即可。如果要删除的数据表不存在，则 MySQL 会提示一条错误信息：“ERROR 1051 (42S02): Unknown table '表名'”。参数“if exists”用于在删除前判断删除的表是否存在，加上该参数后，在删除表的时候，如果表不存在，SQL 语句可以顺利执行，但是会发出警告（warning）。

例如：

```
mysql >use bookDB;
mysql >drop table book1;
```

或者，也可以同时指定数据库和表：

```
mysql >drop table bookDB.book2;
```

也可以同时删除多个数据表：

```
mysql >drop table bookDB.book1,bookDB.book2;
```

drop table 删除一个或多个数据库表。所有表中的数据和表定义均被删除，故小心使用这个命令！

3.2.4　约束管理

数据完整性指的是数据的一致性和正确性。完整性约束指数据库的内容必须随时遵守的规则。若定义了数据完整性约束，MySQL 会负责数据的完整性，每次更新数据时，MySQL 都会测试新的数据内容是否符合相关的完整性约束条件，只有符合完整性约束条件的更新才被接受。

MySQL 中的约束保存在 information_schema 数据库的 table_constraints 表中，可以通过该表查询约束信息。约束主要完成对数据的检验，保证数据库数据的完整性；如果有相互依赖数据，保证该数据不被删除。

MySQL 中常用六类约束：

not null：非空约束，指定某列值不为空。

unique：唯一约束，指定某列和几列组合的数据值不能重复。

primary key：主键约束，指定某列的数据值不能重复、唯一且不为 null。

foreign key：外键，指定该列记录属于主表中某列的记录，参照另一条数据。

check：检查，指定一个表达式，用于检验指定数据。

default：默认约束，指定某列的默认值。

```
注意:目前 MySQL 版本不支持 check 约束,但可以使用 check 约束,而没有任何效果。
```

根据约束数据列限制，约束可分为：

单列约束：每个约束只约束一列。

多列约束：每个约束约束多列数据。

1. 非空约束 not null

非空约束用于确保当前列的值不为空值，非空约束只能出现在表对象的列上。对于使用了非空约束的字段，如果用户在添加数据时没有指定值，数据库系统会报错。

null 类型特征：所有的类型的值都可以是 null，包括 int、float、varchar 等数据类型。注意：空字符串‘’是不等于 null，0 也不等于 null。

非空约束的语法格式如下：

```
字段名　数据类型 not null
```

【例 3.4】在 bookDB 数据库下创建 bookType（图书类别）表，表结构见表 3-1。要求：为 bookType 表的 btname 列添加非空约束。

SQL 语句执行效果如下：

```
mysql > use bookDB;
Database changed
mysql > create table bookType
     - > ( btid int,
     - > btname varchar(60) not null
     - > );
Query OK, 0 rows affected (0.14 sec)

mysql > desc bookType;
+-----+----------+-----+-----+-----+
|Field  |Type          |Null |Key |Default |Extra |
+-----+----------+-----+-----+-----+
|btid   |int(11)       |YES  |    |NULL    |      |
|btname |varchar(60)|NO   |    |NULL    |      |
+-----+----------+-----+-----+-----+
2 rows in set (0.02 sec)
```

上面的 bookType 表加上了非空约束，可以用 alter 来修改或增加非空约束。

例如：

```
alter table bookType modify btname varchar(60) not null;
```

也可以取消非空约束。

例如：

```
alter table bookType modify btname varchar(60) null;
```

2. 唯一约束 unique

唯一约束要求该列唯一，允许为空，但只能出现一个空值。唯一约束可以确保一列或者几列不出现重复值。

唯一约束的语法格式如下：

(1) 在定义字段之后直接指定唯一约束

语法格式如下：

```
字段名 数据类型 unique
```

【例 3.5】在 bookDB 数据库下创建 bookType1 表，表结构见表 3 - 1。

要求：为 bookType1 表的 btname 列添加唯一约束。

SQL 语句执行效果如下：

```
mysql > use bookDB;
Database changed
mysql > create table bookType1
     - > ( btid int,
```

```
    - > btname varchar(60) unique
    - > );
Query OK, 0 rows affected (0.27 sec)

mysql > desc bookType1;
+-----+----------+-----+-----+-----+
|Field |Type        |Null |Key |Default |Extra |
+-----+----------+-----+-----+-----+
|btid   |int(11)     |YES  |     |NULL    |      |
|btname|varchar(60)|YES  |UNI |NULL    |      |
+-----+----------+-----+-----+-----+
2 rows in set (0.02 sec)
```

(2) 在定义完所有列之后指定唯一约束

语法格式如下:

```
[constraint <约束名>] unique( <字段名>)
```

以下代码可以完成例3.5相同的功能,代码如下:

```
mysql > create table bookType1
    - > (
    - > btid int,
    - > btname varchar(60) ,
    - > constraint uk_btname unique(btname)
    - > );
```

其中constraint是定义约束的关键字;uk_btname为该约束的名字(uk为唯一约束命名的前缀);unique(btname)为btname列指定唯一约束。

上面的bookType1表加上了唯一约束,也可以用alter来修改或增加唯一约束。

添加唯一约束:

例如:

```
alter table bookType1 add unique(btid,btname); --两列组合创建唯一约束
```

修改唯一约束:

例如:

```
alter table bookType1 modify btname varchar(60) unique;
```

删除约束(删除时必须知道约束的名字):

例如:

```
alter table bookType1 drop index uk_btname;
```

3. 主键约束 primary key

主键约束相当于唯一约束与非空约束的组合,主键约束列不允许重复,也不允许出现空

值；如果是多列组合的主键约束，那么这些列都不允许为空值，并且组合的值不允许重复。每个表最多只允许一个主键。主键约束可以在列级别创建，也可以在表级别上创建。

MySQL 在创建主键约束时，系统默认在对应字段和字段组合上建立唯一索引（后面项目介绍索引）。主键能够唯一地标识表中的一条记录，主键和记录之间的关系如同身份证和人之间的关系，它们之间是一一对应的。主键分为两种类型：单字段主键和多字段联合主键。

（1）单字段主键

主键由一个字段组成，SQL 语句格式分为以下两种情况。

① 定义列的同时指定主键，语法格式如下：

```
字段名  数据类型 primary key
```

【例 3.6】在 bookDB 数据库下创建 bookType2 表，表结构见表 3－1。要求：为 bookType2 表的 btid 列添加主键约束。

SQL 语句执行效果如下：

```
mysql > use bookDB;
Database changed
mysql > create table bookType2
     - > ( btid int primary key,
     - > btname varchar(60) unique
     - > );
Query OK, 0 rows affected (0.20 sec)

mysql > desc bookType2;
+------+-----------+-----+-----+------+
|Field  |Type         |Null  |Key  |Default  |Extra |
+------+-----------+-----+-----+------+
|btid   |int(11)      |NO    |PRI  |NULL     |      |
|btname |varchar(60)  |YES   |UNI  |NULL     |      |
+------+-----------+-----+-----+------+
2 rows in set (0.03 sec)
```

② 在定义完所有列之后指定主键，语法格式如下：

```
[constraint <约束名>] primary key [字段名]
```

以下代码可以完成例 3.6 相同的功能，代码如下：

```
mysql > create table bookType2
     - > (
     - >     btid int,
     - >     btname varchar(60) ,
     - >     constraint pk_btid primary key(btid)
     - > );
```

其中constraint是定义约束的关键字；pk_btid为该约束的名字（pk为主键约束命名的前缀）；primary key(btid) 为btid列指定主键约束。

（2）多字段联合主键

主键由多个字段联合组成，语法格式如下：

```
[constraint <约束名>] primary key ([字段1,字段2,…;字段n])
```

【例3.7】在bookDB数据库下创建bookInfo1表，表结构见表3-3。要求：为bookInfo1表的bid、bname列添加主键约束。

SQL语句执行效果如下：

```
mysql > use bookDB;
Database changed
mysql > create table bookInfo1
    - > ( bid int,
    - >     bname varchar(60),
    - >     bprice float,
    - >     btid int,
    - >     constraint pk_bid_bname primary key(bid,bname)
    - > );
Query OK, 0 rows affected (0.20 sec)

mysql > desc bookInfo1;
+------+----------+-----+-----+------+
|Field  |Type        |Null |Key |Default |Extra |
+------+----------+-----+-----+------+
|bid    |int(11)     |NO   |PRI |0       |      |
|bname  |varchar(60) |NO   |PRI |        |      |
|bprice |float       |YES  |    |NULL    |      |
|btid   |int(11)     |YES  |    |NULL    |      |
+------+----------+-----+-----+------+
4 rows in set (0.03 sec)
```

上面的bookType2表加上了主键约束，也可以用alter来删除、增加或修改主键约束。

alter删除主键约束：

例如：

```
alter table bookType2 drop primary key;
```

alter添加主键：

例如：

```
alter table bookType2 add primary key(btid);
```

alter 修改列为主键：

例如：

```
alter table bookType2 modify btid int primary key;
```

设置主键自增：

```
例如:
mysql > create table bookType2
    - > (
    - >     btid int auto_increment primary key,
    - >     btname varchar(60)
    - > );
```

对于 auto_increment 自增模式，设置自增后，在插入数据的时候不需要给该列插入值。

4. 外键约束 foreign key

外键用来在两个表的数据之间建立链接，它可以是一列或者多列。一个表可以有一个或多个外键。外键对应的是参照完整性，一个表的外键可以为空值，若不为空值，则每一个外键值必须等于另一个表中主键列的某个值。

外键：首先它是表中的一个字段，它可以不是本表的主键，但对应另外一个表的主键或唯一约束。外键的主要作用是保证数据引用的完整性，定义外键后，不允许删除在另一个表中具有关联关系的行。例如：图书类别表 bookType 的主键是 btid，在图书信息表 bookInfo 中有一个键 btid 与这个 btid 相关联。其中 bookType 表为主表，bookInfo 表为从表。

主表（父表）：对于两个具有关联关系的表而言，相关联字段中主键所在的表即是主表。

从表（子表）：对于两个具有关联关系的表而言，相关联字段中外键所在的表即是从表。

创建外键的语法格式如下：

```
[constraint <外键名>] foreign key (字段名 1[,字段名 2,…])
references <主表名> (主键列 1[,主键列 2,…])
```

“外键名”为定义的外键约束的名称，一个表中不能有多个相同名称的外键；“字段名”表示子表需要添加外键约束的字段列；“主表名”即被子表外键所依赖的表的名称；“主键列”表示主表中定义的主键列，或者主键列组合。

【例 3.8】在 bookDB 数据库下，删除已经创建过的 bookType、bookInfo 及相关表。重新创建 bookType、bookInfo 表，表结构见表 3－9、表 3－10，这两个表中的 bookInfo 表中的 btid 列引用了 bookType 表中的 btid 列中的值，其中 bookType 表为主表，bookInfo 表为从表。

表 3－9 bookType 表结构及约束要求

列（字段）名称	数据类型	备注	约束
btid	int	图书类别编号	主键
btname	varchar（60）	图书类别名称	唯一

表 3-10　bookInfo 表结构及约束要求

列（字段）名称	数据类型	备注	约束
bid	int	图书编号	主键
bname	varchar（60）	图书名称	唯一
bprice	float	图书价格	不为空
btid	int	图书类别编号	外键

删除可能已经存在的表 bookType、bookInfo：

```
mysql > use bookDB;
Database changed

mysql > drop table bookType;
Query OK, 0 rows affected (0.08 sec)

mysql > drop table bookInfo;
Query OK, 0 rows affected (0.08 sec)

mysql > create table bookType
     - > ( btid int primary key,
     - > bname varchar(60) unique
     - > );
Query OK, 0 rows affected (0.26 sec)

mysql > create table bookInfo
     - > ( bid int primary key,
     - >   bname varchar(60) unique,
     - >   bprice float not null,
     - >   btid int,
     - >   constraint fk_btid foreign key(btid) references bookType
           (btid)
     - > );
Query OK, 0 rows affected (0.31 sec)
```

在以上代码外键约束的定义中，constraint fk_btid 是可以省略的，如果省略外键约束的名称，系统会默认给外键约束分配名称。

注意，外键约束的外键列，在主表中引用的只能是主键或唯一键约束的列，假定引用的主表列不是唯一的记录，那么从表引用的数据就不确定记录的位置。通常先建主表，然后再建从表，这样从表参照引用的主表才存在。主表中被引用的列与从表中外键列的数据类型必须一致。

上面对 bookInfo 表加上了外键约束，也可以用 alter 来增加、删除外键约束。

- 增加外键约束

例如：

```
alter table bookInfo
add constraint fk _btid foreign key ( btid ) references bookType
(btid);
```

- 删除外键约束

例如：

```
alter talbe bookInfo drop foreign key fk_btid;
```

- 外键绑定关系

例如：

```
alter table bookInfo
add constraint fk_btid foreign key(btid) references bookType(btid)
on delete cascade on update cascade;
```

这里使用了“on delete cascade”“on update cascade”，意思是如果主表中被引用的列（主键列/唯一列）对应数据被删除或者更新时，将关联从表中的数据完全删除或者相应地更新。

5. 检查约束 check

MySQL 可以使用 check 约束，但 check 约束对数据验证没有任何作用。

```
mysql > create table bookInfo
 - > (
 - >   bid int primary key,
 - >   bname varchar(60) unique,
 - >   bprice float check(bprice > =0 and bprice < =200),
 - >   btid int
 - > );
```

上面 check 约束要求 bprice 必须在 0 ~ 200，但没有任何作用。但在创建 table 的时候，没有任何错误或警告。

6. 默认约束 default

默认约束指定某列的默认值。如因为计算机类的图书比较多，所以 bookInfo 表中的 btid 列就可以设置默认值为“1001”。如果插入一条新的记录时没有为这个字段赋值，那么系统会自动为这个字段赋值为“1001”。

默认约束的语法格式如下：

```
字段名  数据类型 default 默认值
```

例如：

```
mysql > create table bookInfo
 - > (
 - >   bid int primary key,
 - >   bname varchar(60) unique,
 - >   bprice float not null,
 - >   btid int default 1001,
 - >   constraint fk_btid foreign key(btid) references bookType(btid)
 - > );
```

以上语句执行成功后，表 bookInfo 上的 btid 字段就拥有了一个默认值 1001，新插入的记录如果没有指定部门编号，则默认都为 1001。

3.2.5　实训（创建 empMIS）

对于一个企业来说，员工是其重要的组成部分，员工管理非常重要，此实训用一个虚拟的公司环境作为课程案例。这个公司是一个国内的私企，公司业务主要在国内。由于业务开展需要，该公司建立了员工管理信息系统（empMIS），这个系统所对应的数据库就是这个案例数据库。数据库中保存了公司部门、员工、工资等相关信息。我们将在整个课程中学习作为一名数据库开发/管理人员，如何开展日常的工作。

1. empMIS 结构分析

empMIS 主要涉及该数据库中的以下几张表：

① 部门表（departments），包括公司各部门的基本信息，见表 3－11。

表 3－11　部门表（departments）结构

字段名	类型	描述
dno	int	部门编号（主键）
dname	varchar	部门名称（唯一约束）
dloc	varchar	部门所在城市（默认值‘北京’）

② 员工表（employees），包括公司员工的基本信息，见表 3－12。

表 3.12　员工表（employees）结构

字段名	类型	描述
eno	int	员工编号（主键）
ename	varchar	员工姓名
ehiredate	date	雇佣日期
ejob	varchar	员工职位
emgr	int	员工领导的编号，领导也是员工
esal	decimal	员工工资
ebonus	decimal	员工奖金
deptno	int	部门编号（外键）

③ 工资表（salary），包括公司员工工资的相关信息，见表3－13。

表3－13 工资表（salary）结构

字段名	类型	描述
eno	int	员工编号（主键）
ejob	varchar	职位
esal	decimal	员工工资
ebonus	decimal	员工奖金

empMIS 中表确定后，表中也要有相应的测试数据，相关数据见表3－14。

表3.14 empMIS 相关表中的部分测试数据

部门表（departments）数据

dno	dname	dloc
1	销售部	长春
5	董事会	北京

员工表（employees）数据

eno	ename	ehiredate	ejob	emgr	esal	ebonus	deptno
1001	郑莹	1999－1－1	销售部长	5001	10000	1500	1
5001	姜红	1998－1－1	董事长	Null	20000	Null	5

工资表（salary）数据

eno	ejob	esal	ebonus
1001	销售部长	10000	1500
5001	董事长	20000	Null

2. empMIS 数据库与表的创建

empMIS 的结构已经分析完毕，接下来要根据业务需求创建员工管理信息系统的数据库 empMIS，以及 empMIS 数据库下的表部门表（departments）、员工表（employees）、工资表（salary）。

代码如下：

```
****************************************************************************
-- 创建员工管理信息系统数据库(empMIS)
create database empMIS default character set utf8;
-- 打开 empMIS 数据库
use empMIS;
-- 创建部门表(departments)
create table departments
```

```
( dno int primary key,
dname varchar(30) unique,
dloc varchar(50) default '北京'
);
--显示 departments 的表结构
desc departments;
-- 向部门表插入数据
insert into departments(dno,dname,dloc) values
(1,'销售部','长春'),(5,'董事会','北京');
--查询部门表中的数据
select * from departments;
****************************************************************************
--创建员工表(employees)
create table employees
( eno int primary key,
  ename varchar(20),
  ehiredate date,
  ejob varchar(16),
  emgr int,
  esal decimal,
  ebonus decimal,
  deptno int,
  constraint fk_deptno foreign key( deptno) references departments
(dno)
);
--显示 employees 的表结构
desc employees;
-- 向员工表插入数据
insert into employees(eno,ename,ehiredate,ejob,emgr,esal,ebonus,
deptno)
values (1001,'郑莹','1999 -1 -1','销售部长',5001,10000,1500,1)
,(5001,'姜红','1998 -1 -1','董事长',null,20000,null,5);
--查询员工表中的数据
select * from employees;
****************************************************************************
--创建工资表(salary)
create table salary
( eno int primary key,
  ejob varchar(16),
```

```
  esal decimal,
  ebonus decimal
);
--显示 salary 的表结构
desc salary;
-- 向工资表插入数据
insert into salary select eno,ejob,esal,ebonus from employees;
--查询工资表中的数据
select * from salary;
*****************************************************************
```

注意，关于代码中出现的 insert 语句，在后面项目中会着重介绍。

3.3 使用图形界面工具管理数据库及表

使用图形管理工具对数据库进行操作时，大部分操作都能使用菜单方式完成，而不需要熟练记忆操作命令。下面以 Navicat for MySQL 为例，说明使用 MySQL 图形管理工具创建数据库和表的过程及方法。下面根据图形界面工具创建 bookDB 数据库及表，表结构参考表3-1、表3-3。

3.3.1 图形界面工具管理数据库

1. 链接 MySQL 服务器

启动 Navicat for MySQL 后，单击工具栏的“连接”按钮，打开如图 3-3 所示的服务器“连接”对话框。其中，“连接名”指与 MySQL 服务器建立连接的名称，名字可以任意取。“主机名或 IP 地址”指 MySQL 服务器的名称，若 MySQL 软件安装在本机，可以用 localhost 代替本机地址，如要登录到远程服务器，则需要输入 MySQL 服务器的主机名或 IP 地址。“端口”指 MySQL 服务器端口，默认端口为 3306，如果没有特别指定，则不需要更改。使用“用户名”和“密码”来确保只有 MySQL 服务器中的合法用户才能建立与服务器的连接，root 是 MySQL 服务器权限最高的用户。

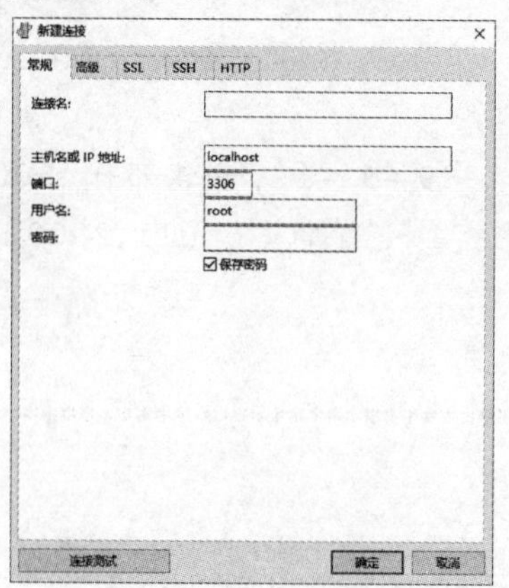

图 3-3 Navicat for MySQL 服务器“连接”对话框

在图3－3中输入相关参数后，可以单击“连接测试”按钮测试与服务器的连接，测试通过后单击“确定”按钮，连接到服务器，打开如图3－4所示窗口。

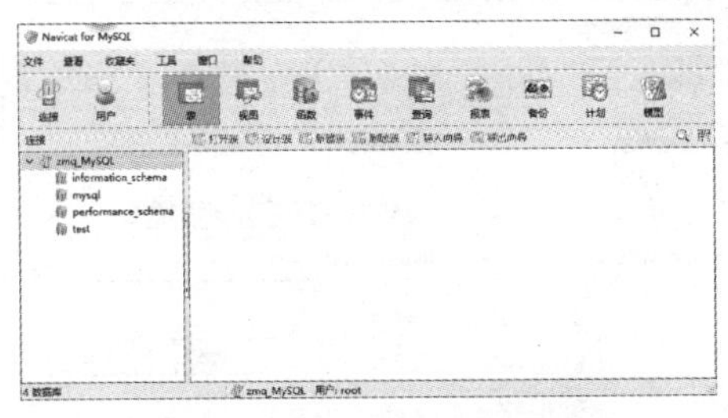

图3－4　Navicat for MySQL 成功连接服务器

2. 创建数据库

在图3－4所示窗口中选中已建立连接的连接名，单击鼠标右键，在弹出的快捷菜单中选择菜单“新建数据库”命令，打开如图3－5所示的“新建数据库”对话框，在“数据库名”文本框中输入新建数据库的名称。若新建数据库采用服务器默认的字符集和排序规则，则直接单击“确定”按钮。若要在创建新数据库时使用特定的字符集和排序规则，则分别单击字符集和排序规则下拉框，指定需要的字符集和排序规则后单击“确定”按钮，完成创建新数据库。

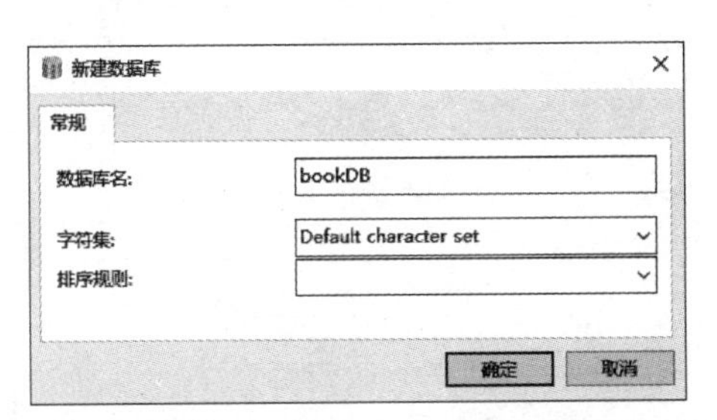

图3－5　Navicat for MySQL“创建新数据库”对话框

3. 访问数据库

如果要对数据库进行维护，可在“连接”列表框中双击要维护的数据库名称，在窗口右侧列表框中会列出所选数据库已经建立的数据表文件。若单击鼠标右键，在弹出的数据库操作快捷菜单中选择相关的菜单命令，可以实现数据维护的相关操作，如图3－6所示。

图3－6　Navicat for MySQL 数据库管理主界面

例如，在图3－6所示数据库管理快捷菜单中选择菜单“数据库属性”命令，打开如图

3－7 所示“数据库属性”对话框，通过单击“字符集”和“排序规则”的下拉框就可以修改数据库的字符集和排序规则。

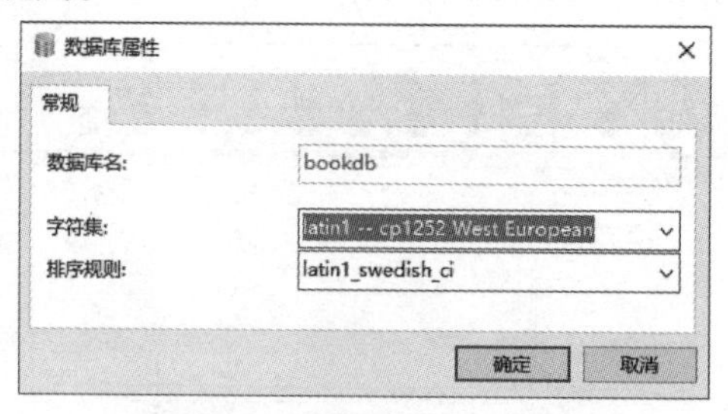

图 3－7 “数据库属性”对话框

3.3.2 图形界面工具管理数据表

1. 创建数据库中的表

图 3－6 所示窗口中，右侧为数据库表管理窗口，单击工具栏中的“新建表”按钮，打开如图 3－8 所示的新建表窗口，在“栏位”框中依次输入表的字段定义：“字段名”“类型名”“长度”“小数点”“允许空值”等，在窗口下半框中还可以输入对应字段的“默认值”“注释”等信息。

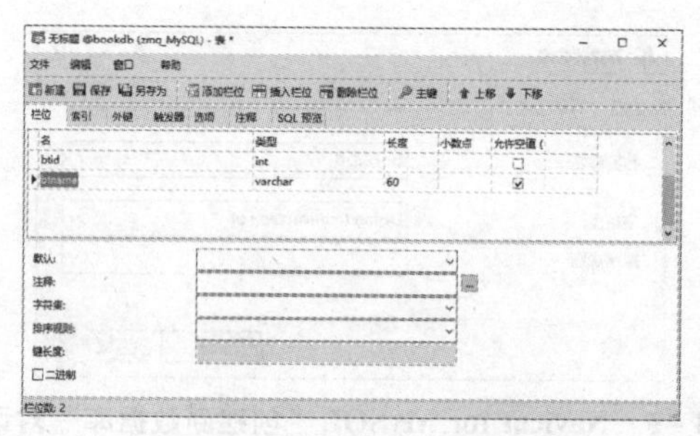

图 3－8 Navicat for MySQL 创建数据库表界面

数据库表定义完成后，单击工具栏中“保存”按钮，打开如图 3－9 所示保存新建表的“表名”对话框，在“输入表名”文本框中输入新建表的名称后单击“确定”按钮，完成新数据库表的创建。

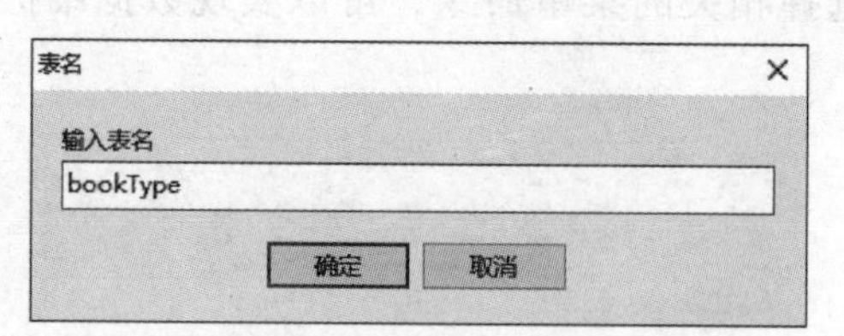

图 3－9 保存新建表的“表名”对话框

2. 修改表结构

如果要对表结构进行修改，可在图 3－6 所示窗口右侧的表管理窗口中选择要修改的表，单击工具栏中的“设计表”按钮，打开如图 3－10 所示的设计表窗口，在其中可以修改表结构的各项定义。

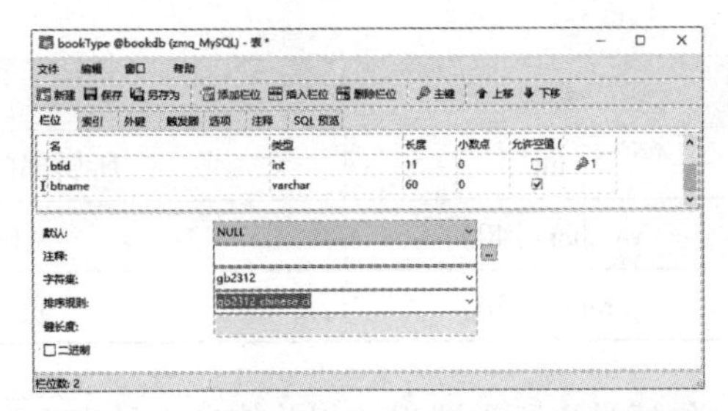

图3-10　Navicat for MySQL 设计数据库表界面

3. 删除表

若要删除表，可在图3-6所示窗口右边的表管理窗口中选择要删除的表，单击工具栏中的“删除表”按钮，删除选中的表。

3.3.3　实训

使用 Navicat for MySQL 图形管理工具完成 empMIS1 数据库的创建，表结构参考表3-11、表3-12、表3-13。

3.4　综合实训（创建 stuMIS）

根据3.2.4实训员工管理信息系统（empMIS）的实践操作，分析学生管理信息系统（stuMIS）。

3.4.1　stuMIS 结构分析

本综合实训关联的数据表如下：

① 部门/系部表（department），包括学校所有的部门/系部信息，见表3-15。

表3-15　部门/系部表（department）结构

字段名	类型	描述
departid	int	部门/系部编号（主键）
departname	varchar（20）	部门/系部名称
office	varchar（20）	办公室地址/门牌号
tel	varchar（14）	办公室电话
chairman	varchar（20）	负责人

② 班级表（class），包括学生所在班级的基本信息，见表3-16。

表3-16　班级表（class）结构

字段名	类型	描述
classid	varchar（10）	班级编号（主键）

续表

字段名	类型	描述
departid	int	所属部门编号（外键）
classname	varchar（40）	班级名称
monitor	varchar（20）	负责人/班长

③ 课程表（course），包括学生所学课程的相关信息，见表 3－17。

表 3－17 课程表（course）结构

字段名	类型	描述
cid	varchar（10）	课程编号（主键）
cname	varchar（40）	课程名称（不为空）
ctype	varchar（20）	所属专业（不为空）
ctime	varchar（30）	上课时间（不为空）
teacher	varchar（10）	授课教师
smallnum	int	最少人数（不为空）
registernum	int	注册人数（不为空）

④ 学生表（student），包括学生的基本信息，见表 3－18。

表 3－18 学生表（student）结构

字段名	类型	描述
stuid	varchar（10）	学生编号（主键）
stuname	varchar（10）	学生姓名（不为空）
stusex	varchar（2）	学生性别（不为空）
stupwd	varchar（7）	密码（不为空）
stuage	int	年龄
classid	varchar（10）	班级编号（外键）
address	varchar（100）	家庭地址（不为空）

⑤ 成绩表（score），包括学生的成绩信息，见表 3－19。

表 3－19 成绩表（score）结构

<table>
<tr><th>字段名</th><th>类型</th><th colspan="2">描述</th></tr>
<tr><td>stuid</td><td>varchar（10）</td><td>学生编号（外键）</td><td rowspan="2">stuid、cid 联合主键</td></tr>
<tr><td>cid</td><td>varchar（10）</td><td>课程编号（外键）</td></tr>
<tr><td>score</td><td>int</td><td colspan="2">成绩</td></tr>
</table>

3.4.2 stuMIS 数据库与表的创建

根据3.2.4节实训empMIS的实践操作，学生自己独自完成本实训代码。

小　　结

数据库可以看成是一个存储数据对象的容器。要存储数据对象，必须首先创建数据库。MySQL可以采用命令行方式和图形界面两种方式来创建和管理数据库及其数据对象。命令行方式通过直接输入SQL语句完成数据管理工作，高效快捷，但须熟练掌握SQL语句的使用。使用图形管理工具对数据库进行操作时，大部分操作都使用菜单方式完成，而不需要熟练记忆操作命令，对数据库的管理直观、简捷，同时对初学者理解SQL语句提供了方便。

数据表是由多列、多行组成的表格，数据表包括表结构和表记录。表的一列称作一个字段，字段的集合即表头决定了表的结构。

要将数据存入数据表中，必须先定义表的结构，即确定表的每一列的字段名称、数值类型、取值范围、是否为空等。MySQL数据类型很多，常用的有数值类型、字符类型和日期类型。

综合实训3

图书管理系统的设计与实现

设计三个实体，各个实体属性分析如下：

1. 读者信息

属性：读者学号、读者姓名、读者性别、联系电话、所在系、生效日期、失效日期、违章状况、累计借书、备注。

主键：读者学号

2. 书籍信息

属性：ISBN、书名、作者、出版社、出版日期、介绍备注。

主键：ISBN

3. 管理员信息

属性：工作号、姓名、性别、电话、家庭住址、备注。

主键：工作号

要求：根据以上关于图书管理系统的分析，学生独自完成该数据库及相关表的创建。

思考与练习3

1. 显示MySQL服务器中已经创建的所有数据库，可以使用________命令。

2. 使用________语句可以查看当前数据库中已经创建成功的数据表。

3. 查看某个表结构可以使用________________。

4. 可以查看表详细结构的语句________________。

5. 写出MySQL中常用5类约束：__________、__________、__________、__________、__________。

项目 4　数据表的基本操作

学习目标

存储在系统中的数据是数据库管理系统（DBMS）的核心，数据库被设计用来管理数据的存储、访问和维护数据的完整性。MySQL 中提供了功能丰富的数据库管理语句，包括有效的向数据库中插入数据的 insert 语句、更新数据的 update 语句、当数据不再使用时删除数据的 delete 语句及查询数据的 select 语句。本项目重点介绍如何使用 select 语句查询数据表中的一列或多列数据、使用集合函数显示查询结果、连接查询、子查询及使用正则表达式进行查询等。

本项目使用员工管理信息系统（empMIS）数据库及表进行讲解。

4.1　数据操纵语言

数据操纵语言（Data Manipulation Language，DML）包含了数据库数据的增、删、改、查操作，其中主要包括 insert、delete、update、select 四条命令。

4.1.1　MySQL 的运算符

运算符是告诉 MySQL 执行特殊算术或逻辑操作的符号。MySQL 的内部运算符很丰富，主要有四大类：算术运算符、比较运算符、逻辑运算符、位操作运算符。

1. 算术运算符

用于各类数值运算。包括加（+）、减（-）、乘（*）、除（/）、求余（或称模运算,%）。

示例如下：

加：select 1 +2;

减：select 2 -1;

乘：select 2 * 3;

除：select 5/3; --/做除法，结果为小数

商：select 5 div 2; --div 做除法，结果为整数

模：select 5%2，mod（5，2）;

2. 比较运算符

一个比较运算符的结果总是 1（true）、0（false）或者是 null。比较运算符经常在 select 的查询条件子句中使用，用来查询满足指定条件的记录。MySQL 中比较运算符见表 4 -1。

表 4-1　比较运算符介绍及示例

运算符	作用	示例
=	等于	select 1 =0, 1 =1, null = null;
< = >	安全的等于	select 1 < = >1, 2 < = >0, 0 < = >0, null < = > null;
< > (! =)	不等于	select 1 < >0, 1 < >1, null < > null;
< =	小于等于	select 'bdf' < = 'b', 'b' < = 'b', 0 <1;
<	小于	select 'a' < 'b', 'a' < 'a', 'a' < 'c', 1 <2;
> =	大于等于	select 'a' > = 'b', 'abc' > = 'a', 1 > =0, 1 > =1;
>	大于	select 'a' > 'b', 'abc' > 'a', 1 >0;
is null	判断一个值是否为 null	select "" is null, null is null;
isnull	与 is null 作用相同	select 0 isnull, null isnull;（与上例比较结果）
is not null	判断一个值是否不为 null	select 0 is not null, null is not null;
least	在有两个或多个参数时，返回最小值	select least (2, 0), least (20.0, 3.0, 100.5), least (10, null);
greatest	当有两个或多个参数时，返回最大值	select greatest (2, 0), greatest (20.0, 3.0, 100.5), greatest (10, null);
between and	判断一个值是否落在两个值之间	select 10 between 10 and 20, 9 between 10 and 20;
in	判断一个值是 in 列表中的任意一个值	select 1 in (1, 2, 3), 't' in ('t', 'a', 'l', 'e'), 0 in (1, 2);
not in	判断一个值不是 in 列表中的任意一个值	select 1 not in (1, 2, 3), 0 not in (1, 2, 3);
like	通配符匹配/模糊匹配运算符	select 123456 like '123%', 123456 like '%123%', 123456 like '%321%';
regexp	正则表达式匹配	select 'abcdef' regexp 'ab', 'abcdefg' regexp 'k';

比较运算符可以用于比较数字和字符串。数字作为浮点值比较，而字符串以不区分大小写的方式进行比较（除非使用特殊的 binary 关键字）。另外，MySQL 能够自动地把数字转换为字符串，而在比较运算过程中，MySQL 能够自动地把字符串转换为数字。

下面简单介绍几种比较运算符的用法及示例：

1）“=”，等于运算符，用于比较表达式的两边是否相等，也可以对字符串进行比较，如：

```
mysql > select 3.14 =3.142,'A' = 'a','a' = 'b','apple' = 'banana';
+---------+-------+-------+---------------+
|3.14 =3.142 | 'a' = 'a' | 'a' = 'b' | 'apple' = 'banana' |
+---------+-------+-------+---------------+
|0 |1 |0 |0 |
+---------+-------+-------+---------------+
1 rows in set (0.00 sec)
```

注意，因为在默认情况下 MySQL 以不区分大小写的方式比较字符串，所以表达式‘A’ = ‘a’的结果为真。如果想执行区分大小写的比较，可以添加 binary 关键字，这意味着对字符串以二进制方式处理。当在字符串上执行比较运算时，MySQL 将区分字符串的大小写。

示例如下：

```
mysql > select 'Apple' = 'apple' , binary 'Apple' = 'apple';
+-----------------+------------------------+
| 'Apple' = 'apple' | binary 'Apple' = 'apple' |
+-----------------+------------------------+
|                1 |                        0 |
+-----------------+------------------------+
1 rows in set (0.00 sec)
```

等于运算符数值比较时，有如下规则：

① 若有一个或两个参数为 null，则比较运算的结果为 null。

② 若同一个比较运算符中的两个参数都是字符串，则按照字符串进行比较。

③ 若两个参数均为整数，则按照整数进行比较。

④ 若一个字符串和数字进行相等判断，则 MySQL 可以自动将字符串转换为数字。

2） <=>，安全的等于运算符，与“ =”操作符执行相同的比较操作，不过 <=> 可以用来判断 null 值。在两个操作数均为 null 时，其返回值为 1 而不为 null；而当一个操作数为 null 时，其返回值为 0 而不为 null。示例如下：

```
mysql > select null = null,null = 0,null < = > null,null < = > 0;
+-----------+--------+-------------+----------+
| null = null | null = 0 | null < = > null | null < = > 0 |
+-----------+--------+-------------+----------+
|       NULL |   NULL |              1 |            0 |
+-----------+--------+-------------+----------+
1 rows in set (0.00 sec)
```

3） < >(! =)，不等于运算符，用于判断数字、字符串、表达式不相等的判断。如果不相等，返回值为 1；否则返回值为 0。这两个运算符不能用于判断空值 null。示例如下：

```
mysql > select 'good' < > 'good',1 < > 2,4! = 5,5.5! = 5,(1 + 3)! = (2 + 1),
        null < > null;
+---------------+----+----+------+---------------+----------+
| 'good' < > 'good' | 1 < > 2 | 4! = 5 | 5.5! = 5 | (1 + 3)! = (2 + 1) | null < > null |
+---------------+----+----+------+---------------+----------+
|               0 |    1 |   1 |      1 |                 1 | NULL          |
+---------------+----+----+------+---------------+----------+
1 rows in set (0.00 sec)
```

4） <、<= 、> 、>= 运算符，这些运算符不能用于空值判断。

5）like 运算符，用来匹配字符串。语法格式为：expr like 匹配条件，如果 expr 满足匹配条件，则返回值为 1（true）；如果不匹配，则返回值为 0（false）。若 expr 或匹配条件中任何一个为 null，则结果为 null。

like 运算符在进行匹配时，可以使用下面两种通配符：

①‘%’，匹配任何数目的字符，甚至包括 0 个字符。

②‘_’，只能匹配 1 个字符。

示例如下：

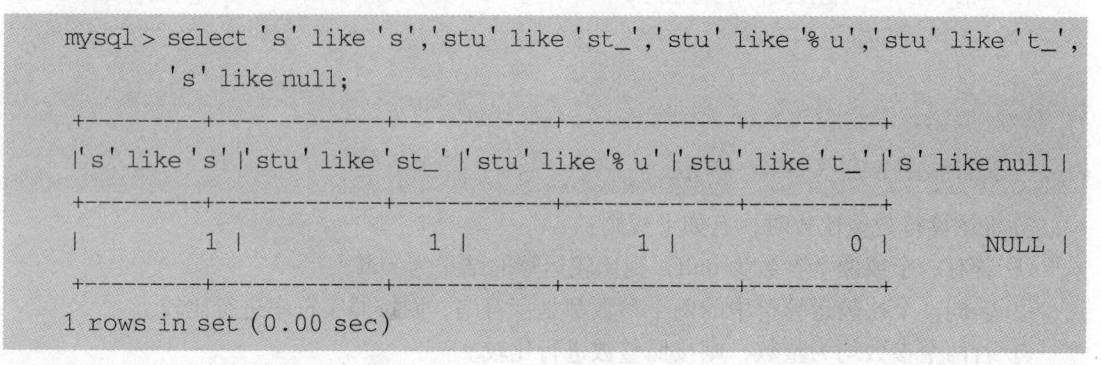

```
mysql > select 's' like 's','stu' like 'st_','stu' like '% u','stu' like 't_',
       's' like null;
+---------+-----------+----------+----------+---------+
|'s' like 's' |'stu' like 'st_' |'stu' like '% u' |'stu' like 't_' |'s' like null |
+---------+-----------+----------+----------+---------+
|          1 |               1 |              1 |              0 |       NULL |
+---------+-----------+----------+----------+---------+
1 rows in set (0.00 sec)
```

6）regexp 运算符，用来匹配字符串，语法格式为：expr regexp 匹配条件。如果 expr 满足匹配条件，返回1；如果不满足，则返回0；若 expr 或匹配条件任意一个为 null，则结果为 null。

regexp 运算符在进行匹配时，常用的有下面几种通配符：

①‘^’，匹配以该字符后面的字符开头的字符串。

②‘$’，匹配以该字符后面的字符结尾的字符串。

③‘.’，匹配任何一个单字符。

④‘[…]’，匹配在方括号内的任何字符。

示例如下：

“[abc]”匹配‘a’‘b’或‘c’。为了命名字符串的范围，使用一个‘-’。“[a-z]”匹配任何字母，而“[0-9]”匹配任何数字。

⑤‘*’，匹配 0 个或多个在它前面的字符。

示例如下：

```
mysql > select 'sk' regexp '^s','ssky' regexp 'y $','ssky' regexp '.ky',
       'ssk' regexp '[ab]';
+-----------+-------------+-------------+-------------+
|'sk' regexp '^s' |'ssky' regexp 'y $' |'ssky' regexp '.ky' |'ssk' regexp '[ab]' |
+-----------+-------------+-------------+-------------+
|             1 |                 1 |                 1 |                 0 |
+-----------+-------------+-------------+-------------+
1 rows in set (0.00 sec)
```

3. 逻辑运算符

在 SQL 中，所有逻辑运算符的求值所得结果均为 true、false 或 null。在 MySQL 中，它们体现为 1（true）、0（false）和 null。其大多数都与不同的数据库 SQL 通用，MySQL 中的逻辑运算符见表 4 –2。

表 4 –2 逻辑运算符介绍及示例

<table>
<tr><th>运算符</th><th>作用</th><th>示例</th></tr>
<tr><td>not 或者!</td><td>逻辑非</td><td>select not false, not 1, not null;
select !0, !1, !null;</td></tr>
<tr><td>and 或者 &&</td><td>逻辑与</td><td>select (true and 1), (0 and 1), (3 and 1), (1 and null);
select (1 && 1), (0 && 1), (3 && 1), (1 && null);</td></tr>
<tr><td>or 或者 ||</td><td>逻辑或</td><td>select (1 or 0), (0 or 0), (1 or null), (1 or 1), (null or null);
select (1 || 0), (0 || 0), (1 || null), (1 || 1), (null || null);</td></tr>
<tr><td>xor 或者 ^</td><td>逻辑异或</td><td>select (1 xor 1), (0 xor 0), (1 xor 0), (0 xor 1), (null xor 1);
select (true ^ TRUE), (0 ^ FALSE), (1 ^ 0), (0 ^ 1), (null ^ 1);</td></tr>
</table>

(1) not 或者!

逻辑非运算符 not 或者! 表示当操作数为 0 时，所得值为 1；当操作数为非零值时，所得值为 0；当操作数为 null 时，所得的返回值为 null。

(2) and 或者 &&

逻辑与运算符 and 或者 && 表示当所有操作数均为非零值，并且不为 null 时，计算所得结果为 1；当一个或多个操作数为 0 时，所得结果为 0；其余情况返回值为 null。

(3) or 或者 ||

逻辑或运算符 or 或者 || 表示当两个操作数均为非 null 值，且任意一个操作数为非零值时，结果为 1，否则结果为 0；当有一个操作数为 null，且另一个操作数为非零值时，则结果为 1，否则结果为 null；当两个操作数均为 null 时，则所得结果为 null。

(4) xor 或者^

逻辑异或运算符 xor 表示当任意一个操作数为 null 时，返回值为 null；对于非 null 的操作数，如果两个操作数都是非 0 值或者都是 0 值，则返回结果为 0；如果一个为 0 值，另一个为非 0 值，返回结果为 1。

4. 位操作运算符

参与运算的操作数按二进制位进行运算。包括位与（&）、位或（|）、位非（~）、位异或（^）、左移（<<）、右移（>>）6 种。MySQL 中的位操作运算符见表 4 –3。

表 4 –3 位操作运算符介绍及示例

<table>
<tr><th>运算符</th><th>作用</th><th>示例</th></tr>
<tr><td>&</td><td>位与</td><td>select 2&3&4;</td></tr>
<tr><td>|</td><td>位或</td><td>select 2 | 3;</td></tr>
<tr><td>^</td><td>位异或</td><td>select 2^3;</td></tr>
<tr><td><<</td><td>位左移</td><td>select 100 <<3;</td></tr>
<tr><td>>></td><td>位右移</td><td>select 100 >>3;</td></tr>
<tr><td>~</td><td>位取反，反转所有比特</td><td>select ~1, ~18446744073709551614;</td></tr>
</table>

学习了 MySQL 中的运算符后，下面了解一下运算符的优先级。运算符的优先级决定了不同的运算符在表达式中计算的先后顺序，表 4－4 列出了 MySQL 中的各类运算符及其优先级。

表 4－4　运算符按优先级由低到高排列

优先级	运算符
最低	=（赋值运算），:=
↓	||，or
	xor
	&&，and
	not
	between，case，when，then，else
	=（比较运算），<=>，>=，>，<=，<，<>，!=，is，like，regexp，in
	|
	&
	<<（位左移），>>（位右移）
	－，＋
	*，/（div），%（mod）
	^（位异或）
	-（负号），~（位反转）
最高	!

5. MySQL 中运算符的优先级

可以看到，不同运算符的优先级是不同的，一般情况下，级别高的运算符先进行计算，如果级别相同，MySQL 按表达式的顺序从左到右依次计算。当然，在无法确定优先级的情况下，可以使用圆括号“()”来改变优先级，并且这样会使计算过程更加清晰。

6. 运算符实训

创建 ceshi 数据库，在该数据库下创建表 temp，其中包含 varchar 类型的字段 note 和 int 类型的字段 price，使用运算符对表 temp 中不同的字段进行运算。

首先创建 ceshi 数据库，使用 ceshi 数据库，在该数据库中创建表 temp：

```
mysql > create database ceshi default character set utf8;
Query OK, 1 row affected (0.06 sec)
mysql > use ceshi;
Database changed
mysql > create table temp
    - > (
    - > note varchar(50),
    - > price int
    - > );
Query OK, 0 rows affected (0.68 sec)
```

向 temp 表中插入两条记录，SQL 语句如下：

```
insert into temp values('This is good',60),('That is bad',70);
```

实训：

① 对 temp 表中的整型数据 price 进行算数运算，执行过程如下：

```
mysql > select price,price +10,price -10,price * 2,price/2,price%
        3 from temp;
+-----+--------+--------+-------+-------+-------+
|price |price +10 |price -10 |price *2 |price/2 |price% 3 |
+-----+--------+--------+-------+-------+-------+
|   60 |        70 |        50 |       120 | 30.0000 |        0 |
|   70 |        80 |        60 |       140 | 35.0000 |        1 |
+-----+--------+--------+-------+-------+-------+
2 rows in set (0.00 sec)
```

② 对表 temp 中的整型数据 price 进行比较运算，执行过程如下：

```
mysql > select price,price >10,price <10,price! =10,price < = >60,
        price < >70 from temp;
+-----+--------+--------+---------+---------+---------+
|price|price >10|price <10|price! =10|price < = >60|price < >70|
+-----+--------+--------+---------+---------+---------+
|  60 |        1 |        0 |         1 |            1 |          1 |
|  70 |        1 |        0 |         1 |            0 |          0 |
+-----+--------+--------+---------+---------+---------+
2 rows in set (0.00 sec)
```

③ 判断 price 的值是否落在 30～80 区间内；返回 80，30 相比最大的值，判断 price 是否为 in 列表（10，20，50，60）中的某个值，执行过程如下：

```
mysql > select price,price between 30 and 80,greatest(price,80,30),
        price in(10,20,50,60)from temp;
+-----+-----------------+-----------------+----------------+
|price|price between 30and 80|greatest(price,80,30)|price in(10,20,50,60)|
+-----+-----------------+-----------------+----------------+
|  60 |                  1 |                   80 |                   1 |
|  70 |                  1 |                   80 |                   0 |
+-----+-----------------+-----------------+----------------+
2 rows in set (0.00 sec)
```

④ 将 price 字段值与 null，0 进行逻辑运算，执行过程如下：

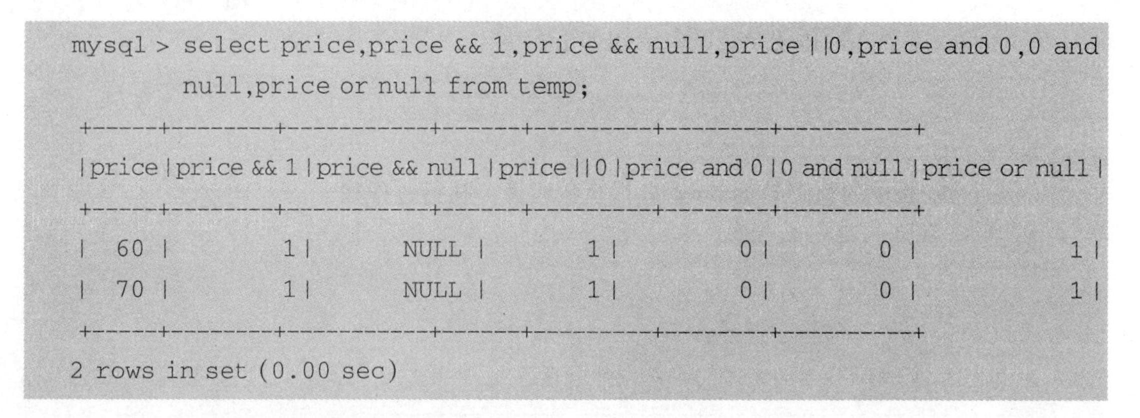

```
mysql > select price,price && 1,price && null,price||0,price and 0,0 and
        null,price or null from temp;
+-----+--------+----------+-----+---------+--------+----------+
|price|price && 1|price && null|price||0|price and 0|0 and null|price or null|
+-----+--------+----------+-----+---------+--------+----------+
|  60 |        1|      NULL |      1|        0|       0 |          1|
|  70 |        1|      NULL |      1|        0|       0 |          1|
+-----+--------+----------+-----+---------+--------+----------+
2 rows in set (0.00 sec)
```

4.1.2 MySQL 中的转义字符

在字符串中，某些序列具有特殊含义。这些序列均用反斜线（‘\’）开始，即所谓的转义字符。MySQL 识别下面的转义序列见表 4-5。

表 4-5 MySQL 中的转义字符

\0	ASCII 0（NUL）字符
\'	单引号（‘'’）
\"	双引号（‘"’）
\b	退格符
\n	换行符
\r	回车符
\t	Tab 字符
\	反斜线（‘\’）字符
\%	‘%’字符
_	‘_’字符

这些序列对大小写敏感。例如，‘\b’解释为退格，但‘\B’解释为‘B’。‘\%’和‘_’序列用于搜索可能会解释为通配符的模式匹配环境中的‘%’和‘_’。请注意如果在其他环境中使用‘\%’或‘_’，它们返回字符串‘\%’和‘_’，而不是‘%’和‘_’。在其他转义序列中，反斜线被忽略。也就是说，转义字符解释为仿佛没有转义。

有几种方式可以在字符串中包括引号：

① 在字符串内用‘'’引用的，‘'’可以写成‘"’。

② 在字符串内用‘"’引用的，‘"’可以写成‘""’。

③ 可以在引号前加转义字符（‘\’）。

④ 在字符串内用‘"’引用的，‘'’不需要特殊处理，不需要用双字符或转义。同样，在字符串内用‘'’引用的，‘"’也不需要特殊处理。

下面的 select 语句显示了引用和转义如何工作：

```
(1)select 'hello', '"hello"', '""hello""','hel''lo', '\'hello';
```

```
+-------+---------+-----------+---------+--------+
| hello | "hello" | ""hello"" | hel'lo | 'hello |
+-------+---------+-----------+---------+--------+
```

```
(2)select "hello", "'hello'", ""hello"", "hel""lo", "\"hello";
```

```
+-------+---------+---------+---------+--------+
| hello | 'hello' | "hello" | hel"lo | "hello |
+-------+---------+---------+---------+--------+
```

```
(3)select 'this\nis\nfour\nlines';
```

```
+--------------------+
| this
is
four
lines |
+--------------------+
| this
is
four
lines |
+--------------------+
```

```
(4)select 'disappearing\backslash';
```

```
+--------------------+
| disappearing backslash |
+--------------------+
```

4.1.3　插入表数据

在创建了数据库及数据表后，下一步就是向表里插入数据。通过 insert 语句可以向表中插入一行或多行数据。可以插入的方式有：插入完整的记录、插入记录的一部分、插入多条记录、插入另一个查询的结果，下面将分别介绍这些内容。

1. 为表的所有字段插入数据

使用基本的 insert 语句插入数据要求指定表名称和插入到新记录中的值。

基本语法格式为：

```
insert into 表名(字段名列表) values(值列表);
```

“表名”指定要插入数据的表名称，“字段名列表”指定要插入数据的哪些列，“值列表”指定每个列应对应插入的数据。注意，使用该语句时，字段列和数据值的数量必须相同。

【例 4.1】向员工管理信息系统 empMIS 数据库中的 departments 表插入一条记录。

插入数据 SQL 语句如下：

执行插入操作之前，使用 select 语句查看表中的数据：

```
mysql > select * from departments;
empty set (0.00 sec)
```

结果显示当前表为空，没有数据，接下来执行插入操作：

```
mysql > insert into departments(dno,dname,dloc) values(2,'财务部','沈阳');
Query OK, 1 row affected (0.09 sec)
```

语句执行完毕，查看执行结果：

```
mysql > select * from departments;
 +-----+--------+-------+
 |dno  |dname   |dloc   |
 +-----+--------+-------+
 |2    |财务部  |沈阳   |
 +-----+--------+-------+
1 rows in set (0.00 sec)
```

可以看到插入记录成功。在插入数据时，指定了 departments 表的所有字段，因此将为每一个字段插入新的值。

insert 语句后面的字段名称顺序可以不是 departments 表定义时的顺序。即插入数据时，不需要按照表定义的顺序插入，只要保证值的顺序与列字段的顺序相同就可以，如例 4.2 所示。

【例 4.2】向员工管理信息系统 empMIS 数据库中的 departments 表插入一条记录。

插入数据 SQL 语句后，执行结果如下：

```
mysql > insert into departments(dname,dloc,dno) values('开发部','哈尔滨',3);
Query OK, 1 row affected (0.05 sec)
```

语句执行完毕，查看执行结果：

```
mysql > select * from departments;
 +-----+--------+-------+
 |dno  |dname   |dloc   |
 +-----+--------+-------+
 |   2 |财务部  |沈阳   |
 |   3 |开发部  |哈尔滨|
 +-----+--------+-------+
2 rows in set (0.00 sec)
```

由结果可以看到，insert 语句成功插入了一条记录。

使用 insert 插入数据时，允许“字段名列表”为空，此时，“值列表”中需要为表的每一个字段指定值，并且值的顺序必须和数据表中字段定义时的顺序相同，如例4.3所示。

【例4.3】向员工管理信息系统empMIS数据库中的departments表插入一条记录。插入数据SQL语句后，执行结果如下：

```
mysql > insert into departments values(4,'人事部','北京');
Query OK, 1 row affected (0.08 sec)
```

语句执行完毕，查看执行结果：

```
mysql > select * from departments;
+-----+--------+-------+
|dno |dname |dloc |
+-----+--------+-------+
|  2 |财务部 |沈阳  |
|  3 |开发部 |哈尔滨|
|  4 |人事部 |北京  |
+-----+--------+-------+
3 rows in set (0.00 sec)
```

可以看到插入记录成功。数据库中增加了一条dno为4的记录，其他字段值为指定的插入值。本例的insert语句中没有指定插入字段名列表，只有一个值列表。在这种情况下，值列表为每一个字段列指定插入值，并且这些值的顺序必须和departments表中字段定义的顺序相同。

2. 为表的指定字段插入数据

为表的指定字段插入数据，就是在insert语句中只向部分字段中插入值，而其他字段的值为表定义时的默认值，如例4.4所示。

【例4.4】向员工管理信息系统empMIS数据库中的departments表插入一条记录。

插入数据SQL语句后，执行结果如下：

```
mysql > insert into departments(dno,dname) values(6,'后勤部');
Query OK, 1 row affected (0.27 sec)
```

提示信息表示插入一条记录成功。使用select查询表中的记录，查询结果如下：

```
mysql > select * from departments;
+-----+--------+-------+
|dno |dname |dloc |
+-----+--------+-------+
|  2 |财务部 |沈阳  |
|  3 |开发部 |哈尔滨|
|  4 |人事部 |北京  |
|  6 |后勤部 |北京  |
+-----+--------+-------+
4 rows in set (0.00 sec)
```

可以看到插入记录成功。在这里的 dloc 字段，如查询结果，显示该字段自动添加了‘北京’。这是因为在创建 departments 表时，dloc 字段设置了默认值为‘北京’。departments 表结构见“3.2.4 实训（创建员工管理信息系统（empMIS））”。在插入记录时，如果某些字段没有指定插入值，MySQL 将插入该字段定义时的默认值。

提示：要保证每个插入值的类型和对应列的数据类型匹配，如果类型不同，将无法插入，并且 MySQL 会产生错误。

3. 同时插入多条记录

insert 语句可以同时向数据表中插入多条记录，插入时指定多个值列表，每个值列表之间用逗号分隔开，基本语法格式如下：

```
insert into 表名(字段名列表) values(值列表1),(值列表2),…,(值列表n);
```

语法说明：

表名：被插入记录的数据表的表名。

字段名列表：插入记录中字段名的列表。

(值列表1),(值列表2),…,(值列表n)：表示插入 n 个记录中字段的值列表。

【例 4.5】向员工管理信息系统 empMIS 数据库中的 employees 表插入三条记录。

插入数据 SQL 语句后，执行结果如下：

```
mysql > insert into employees(eno,ename,ehiredate,ejob,emgr,esal,
        ebonus,deptno)
  - > values (1001,'郑莹','1999 -1 -1','销售部长',5001,10000,1500,1)
  - > ,(1002,'梁睿','1999 -7 -7','经理',1001,6000,1000,1)
  - > ,(1003,'赵思','1999 -7 -7','销售员',1002,1500,2000,1);
Query OK, 3 rows affected (0.05 sec)
Records: 3 Duplicates: 0 Warnings: 0
```

语句执行完毕，查看执行结果：

```
mysql > select * from employees;
+----+-----+---------+-------+----+----+-----+------+
|eno  |ename |ehiredate   |ejob    |emgr |esal |ebonus |deptno |
+----+-----+---------+-------+----+----+-----+------+
|1001|  郑莹 |1999 -01 -01|销售部长|5001 |10000|  1500 |   1   |
|1002|  梁睿 |1999 -07 -07|经理    |1001 |6000 |  1000 |   1   |
|1003|  赵思 |1999 -07 -07|销售员  |1002 |1500 |  2000 |   1   |
+----+-----+---------+-------+----+----+-----+------+
3 rows in set (0.00 sec)
```

由结果可以看到，insert 语句执行后，employees 表中添加了 3 条记录。使用 insert 同时插入多条记录时，MySQL 会返回一些在执行单行插入时没有的额外信息，这些字符串的意思分别是：

Records：表明插入的记录条数。

Duplicates：表明插入时被忽略的记录，原因可能是这些记录包含了重复的主键值。

Warnings：表明有问题的数据值，例如发生数据类型转换。

【例4.6】在employees表中，不指定插入列表，同时插入四条新记录。

SQL语句执行结果如下：

```
mysql > insert into employees
 - > values (1004,'高文','2000 -1 -1 ','销售员',1002,1500,2000,1)
 - > ,(1005,'杨幂','2005 -1 -1 ','销售员',1002,1500,2000,1)
 - > ,(2001,'张松','1998 -10 -3 ','财务部长',5001,8000,1000,2)
 - > ,(2002,'孙威','1998 -10 -20 ','会计',2001,4000,null,2);
Query OK, 4 rows affected (0.09 sec)
Records: 4 Duplicates: 0 Warnings: 0
```

语句执行完毕，查看执行结果：

```
mysql > select * from employees;
+----+-----+----------+--------+----+-----+------+------+
| eno  | ename | ehiredate    | ejob    | emgr | esal | ebonus | deptno |
+----+-----+----------+--------+----+-----+------+------+
|1001 | 郑莹   |1999 -01 -01 | 销售部长|5001 |10000|  1500 |     1  |
|1002 | 梁睿   |1999 -07 -07 | 经理    |1001 |6000 |  1000 |     1  |
|1003 | 赵思   |1999 -07 -07 | 销售员  |1002 |1500 |  2000 |     1  |
|1004 | 高文   |2000 -01 -01 | 销售员  |1002 |1500 |  2000 |     1  |
|1005 | 杨幂   |2005 -01 -01 | 销售员  |1002 |1500 |  2000 |     1  |
|2001 | 张松   |1998 -10 -03 | 财务部长|5001 |8000 |  1000 |     2  |
|2002 | 孙威   |1998 -10 -20 | 会计    |2001 |4000 |  NULL |     2  |
+----+-----+----------+--------+----+-----+------+------+
7 rows in set (0.00 sec)
```

由结果可以看到，insert语句执行后，employees表中添加了4条记录，与前面介绍单个insert语法不同，employees表名后面没有指定插入字段列表，因此values关键字后面的多个值列表都要为每一条记录的每一个字段列指定插入值，并且这些值的顺序必须和employees表中字段定义的顺序相同。带有auto_increment属性的字段插入null值，系统会自动为该字段插入唯一的自增编号。

提示：一个同时插入多行记录的insert语句可以等同于多个单行插入的insert语句，但是多行的insert语句在处理过程中效率更高。因为MySQL执行单条insert语句插入多行数据，比使用多条insert语句快。所以，在插入多条记录时，最好选择使用单条insert语句的方式插入。

4. 将查询结果插入表中

insert 语句用来给数据表插入记录时，指定插入记录的列值。insert 还可以将 select 语句查询的结果插入表中，如果想要从另外一个表中合并个人信息到 employees 表，不需要把每一条记录的值一个一个输入，只需要使用一条 insert 语句和一条 select 语句组成的组合语句，即可快速地从一个或多个表中向一个表中插入多个行。基本语法格式如下：

```
insert into 表名1(字段名列表1)
select(字段名列表2) from 表名2 where (条件表达式);
```

“表名1”指定待插入数据的表；“字段名列表1”指定待插入表中要插入数据的哪些列；“表名2”指定插入数据是从哪个表中查询出来的；“字段名列表2”指定数据来源于表的查询列，该列表必须和“字段名列表1”中的字段个数相同，数据类型相同；“条件表达式”指定 select 语句的查询条件。

因为员工管理信息系统 empMIS 数据库中的 salary 表中的列与 employees 表中的部分列相同，因此给 salary 表插入数据时就可以使用 insert…select…，请看例 4.7。

【例 4.7】把员工的工资信息添加到 salary 表中。

在执行插入操作之前，使用 select 语句查看 salary 表中的数据：

```
mysql > select * from salary;
Empty set (0.00 sec)
```

结果显示 salary 表为空，没有数据，接下来执行插入操作：

```
mysql > insert into salary select eno,ejob,esal,ebonus from employ-
        ees;
Query OK, 7 rows affected (0.12 sec)
Records: 7 Duplicates: 0 Warnings: 0
```

语句执行完毕，查看执行结果：

```
mysql > select * from salary;
+------+----------+-------+--------+
|eno   |ejob      |esal   |ebonus  |
+------+----------+-------+--------+
|1001  |销售部长  |10000  |  1500  |
|1002  |经理      |6000   |  1000  |
|1003  |销售员    |1500   |  2000  |
|1004  |销售员    |1500   |  2000  |
|1005  |销售员    |1500   |  2000  |
|2001  |财务部长  |8000   |  1000  |
|2002  |会计      |4000   |  NULL  |
+------+----------+-------+--------+
7 rows in set (0.00 sec)
```

可以看到，插入记录成功，salary 表中现在有 7 条记录。这 7 条记录中的数据与 employees 表中对应列的数据完全相同，数据转移成功。

4.1.4　修改表数据

表中有数据之后，接下来可以对数据进行更新操作，MySQL 中使用 update 语句更新表中的记录，可以更新特定的行或者同时更新所有的列。基本语法格式如下：

```
update 表名
set 字段名1 = 新值1,字段名2 = 新值2,…,字段名n = 新值n
where(条件表达式);
```

“字段名1，字段名2，…，字段名n”为指定更新的字段的名称；“新值1，新值2，…，新值n”为相对应的指定字段的更新值；“条件表达式”指定更新的记录需要满足的条件。更新多个列时，每个“列 - 值”对之间用逗号隔开，最后一列之后不需要逗号。

【例4.8】在 employees 表中，更新 eno 值为 1001 的记录，将 ename 字段值改为‘郑莹莹’，将 ehiredate 字段值改为‘1999 - 2 - 2’。

更新操作执行前，可以使用 select 语句查看当前的数据：

```
mysql > select * from employees;
+----+-----+----------+--------+----+-----+------+------+
|eno  |ename|ehiredate    |ejob    |emgr |esal   |ebonus |deptno |
+----+-----+----------+--------+----+-----+------+------+
|1001 |郑莹  |1999 -01 -01 |销售部长|5001 |10000|1500   |     1  |
|1002 |梁睿  |1999 -07 -07 |经理    |1001 |6000  |1000   |     1  |
|1003 |赵思  |1999 -07 -07 |销售员  |1002 |1500  |2000   |     1  |
|1004 |高文  |2000 -01 -01 |销售员  |1002 |1500  |2000   |     1  |
|1005 |杨幂  |2005 -01 -01 |销售员  |1002 |1500  |2000   |     1  |
|2001 |张松  |1998 -10 -03 |财务部长|5001 |8000  |1000   |     2  |
|2002 |孙威  |1998 -10 -20 |会计    |2001 |4000  |NULL   |     2  |
+----+-----+----------+--------+----+-----+------+------+
7 rows in set (0.00 sec)
```

由结果可以看到，更新之前，eno 等于 1001 的记录的 ename 字段值为‘郑莹’，ehiredate 字段值为‘1999 - 01 - 01’。下面使用 update 语句更新数据，语句执行结果如下：

```
mysql > update employees set ename = '郑莹莹',ehiredate = '1999 -2 -2'
 - > where eno =1001;
Query OK, 1 row affected (0.08 sec)
Rows matched: 1 Changed: 1 Warnings: 0
```

语句执行完毕，查看执行结果：

```
mysql > select * from employees where eno =1001;
+----+-----+----------+--------+----+-----+------+-------+
|eno |ename |ehiredate  |ejob   |emgr |esal |ebonus |deptno |
+----+-----+----------+--------+----+-----+------+-------+
|1001 |郑莹莹 |1999 -02 -02 |销售部长 |5001 |10000 |1500   |   1   |
+----+-----+----------+--------+----+-----+------+-------+
1 rows in set (0.00 sec)
```

由结果可以看到，eno 等于 1001 的记录中的 ename 和 ehiredate 字段的值已经成功被修改为指定值。

提示： 要保证 update 以 where 子句结束，通过 where 子句指定被更新的记录所需要满足的条件，如果忽略 where 子句，MySQL 将更新表中所有的行。

如下代码要谨慎使用：update employees set ename = '张三'，想一想该语句执行后，employees 表中的数据会怎样变化？

4.1.5 删除表数据

从数据表中删除数据使用 delete 语句，delete 语句允许 where 子句指定删除条件。delete 语句的基本语法格式如下：

```
delete from 表名 [where <条件表达式 >];
```

“表名”指定要执行删除操作的表；“[where <条件表达式 >]”为可选参数，指定删除条件，如果没有 where 子句，delete 语句将删除表中的所有记录。

【例 4.9】在 employees 表中，把部门编号为 3 的员工删除。

执行删除操作前，使用 select 语句查看当前 deptno 为 3 的记录：

```
mysql > select * from employees where deptno =3;
+----+-----+----------+--------+----+-----+------+-------+
|eno |ename |ehiredate  |ejob   |emgr |esal |ebonus |deptno |
+----+-----+----------+--------+----+-----+------+-------+
|3001|胡歌   |1999 -06 -01 |开发部长|5001  |12000|3000    |     3 |
|3002|邓超   |1999 -12 -06 |项目经理|3001  |7000 |1000    |     3 |
|3003|陈赫   |2000 -01 -01 |程序员  |3001  |6000 |1000    |     3 |
|3004|鹿晗   |2000 -01 -01 |程序员  |3001  |6500 |2000    |     3 |
|3005|杨洋   |2003 -09 -01 |程序员  |3001  |4000 |1000    |     3 |
+----+-----+----------+--------+----+-----+------+-------+
5 rows in set (0.00 sec)
```

可以看到，现在表中有 deptno 为 3 的记录，下面使用 delete 语句删除该记录，语句执行结果如下：

```
mysql > delete from employees where deptno =3;
Query OK, 5 rows affected (0.05 sec)
```

语句执行完毕，查看执行结果：

```
mysql > select * from employees where deptno =3;
Empty set (0.00 sec)
```

查询结果为空，说明删除操作成功。

【例4.10】删除 employees 表中所有记录。

SQL 语句执行效果如下：

```
mysql > delete from employees;
Query OK, 13 rows affected (0.08 sec)
```

因为该语句没有 where 条件子句，会删除 employees 表中所有记录，现在 employees 表中已经没有任何数据了。

> **提示：**如果想删除表中的所有记录，还可以使用 truncate table 语句，truncate 将直接删除原来的表并重新创建一个表，truncate 直接删除表而不是逐条删除记录，因此执行速度比 delete 快。

其语法格式为：truncate table 表名；

4.1.6　实训图书管理系统（bookDB）

本小节重点介绍了数据表中数据的插入、更新和删除操作。MySQL 中可以灵活地对数据进行插入与更新，MySQL 中对数据的操作没有任何提示，因此，在更新和删除数据时，一定谨慎小心，查询条件一定要准确，避免造成数据的丢失。

根据表3.9、表3.10 中的表结构，创建 bookType 表、bookInfo 表，并对这两个表进行插入、更新和删除操作。

1. 实训准备

因为这两个表在之前创建过，为了该实训的整体效果，先删除这两个表所在的数据库，SQL 语句执行效果如下：

```
mysql > drop database if exists bookDB;
Query OK, 4 rows affected (0.52 sec)
```

再查看一下数据库 bookDB 是否真的被删除，代码如下：

```
mysql > show databases;
+--------------------+
| Database           |
+--------------------+
| information_schema |
| empmis             |
| mysql              |
| performance_schema |
```

```
|test |
+---------------------+
6 rows in set (0.02 sec)
```

bookDB 数据库已经被删除，接下来重新创建 bookDB 数据库、bookType 表和 bookInfo 表。执行效果如下：

```
mysql > create database bookDB default character set utf8; --创建数
        据库 bookDB
Query OK, 1 row affected (0.00 sec)

mysql > use bookDB; --打开数据库 bookDB
Database changed

mysql > create table bookType --在 bookDB 数据库下创建表 bookType
    - > (
    - >  btid int primary key,
    - >  btname varchar(60) unique
    - > );
Query OK, 0 rows affected (0.08 sec)

mysql > create table bookInfo --在 bookDB 数据库下创建表 bookInfo
    - > (
    - >  bid int primary key,
    - >  bname varchar(60),
    - >  bprice float,
    - >  btid int,
    - >  constraint fk_btid foreign key(btid)
    - >  references bookType(btid)
    - > );
Query OK, 0 rows affected (0.32 sec)
```

2. 实训内容及步骤

1）使用 insert 语句把表 3-2、表 3-4 中的数据插入 bookType 表和 bookInfo 表中。代码如下：

```
mysql > insert into bookType values
 - > (1001,'计算机'),(1002,'经济管理'),(1003,'文学');
Query OK, 3 rows affected (0.06 sec)
Records: 3 Duplicates: 0 Warnings: 0

mysql > insert into bookInfo values
```

```
    - > (1,'Java 程序设计',56,1001),(2,'会计基础',45,1002),
    - > (3,'MySQL 数据库基础',36,1001),(4,'唐诗宋词',22,1003);
Query OK, 4 rows affected (0.11 sec)
Records: 4 Duplicates: 0 Warnings: 0
```

提示:把(5,'科技博览',20,1004)数据插入 bookInfo 表会怎么样?

注意，因为 bookType 表中主键列 btid 被 bookInfo 表中外键列 btid 引用，所以 bookInfo 表中的 btid 列的值必须从 bookType 表中 btid 列取值。btid 为 1004 的图书类别编号在 bookType 表中不存在，违反外键约束。

2）使用 update 语句把 bookType 表和 bookInfo 表中的数据进行修改。

① 把 bookType 表中 btid 为 1002 的 btname 改成‘经管’。

```
mysql > update bookType set btname = '经管' where btid =1002;
Query OK, 1 row affected (0.05 sec)
Rows matched: 1   Changed: 1 Warnings: 0
```

② 把 bookInfo 表中 bid 为 3 的 bname 改成‘MySQL 数据库’，bprice 改成 40。

```
mysql > update bookInfo set bname = 'MySQL 数据库',bprice =40
    - > where bid =3;
Query OK, 1 row affected (0.12 sec)
Rows matched: 1   Changed: 1   Warnings: 0
```

3）使用 delete 语句把 bookType 表和 bookInfo 表中的数据删除。

① 把价格低于 30 元的图书删除。

```
mysql > delete from bookInfo where bprice <30;
Query OK, 1 row affected (0.20 sec)
```

② 把 btid 为 1001 的图书类别删除。

```
mysql > delete from bookType where btid =1001;
ERROR 1451 (23000): Cannot delete or update a parent row: a foreign
key constraint fails ('bookdb' . 'bookinfo', CONSTRAINT 'fk_btid' FOR-
EIGN KEY ('btid') REFERENCES 'booktype' ('btid'))
```

提问,为什么要删除 btid 为 1001 的图书类别信息会有错误呢? 删除语句有问题吗?

注意，因为 bookType 表中主键列 btid 被 bookInfo 表中外键列 btid 引用，而 bookType 表中 btid 为 1001 的列被 bookInfo 表中的 btid 列引用。得出结论：在主表中被从表引用的数据是不能删除的，违反外键约束。反之，没有被引用的数据可以删除。

4.2　数据表的查询

数据库管理系统的一个最重要的功能就是数据查询，数据查询不应只是简单返回数据库中存储的数据，还应该根据需要对数据进行筛选，以及确定数据以什么样的格式显示。MySQL 提供了功能强大、灵活的语句来实现这些操作。

MySQL 从数据表中查询数据的基本语句为 select 语句。select 语句可以实现对表的选择、投影及连接操作。即 select 语句可以从一个或多个表中根据用户的需要从数据库中选出匹配的行和列，结果通常是生成一个临时表。select 语句是 SQL 的核心。

提示: 数据表的查询都是基于本项目后的附录中的 empMIS 数据库、stuMIS 数据库展开的。select 语句的基本语法格式是:

```
select {[all|distinct] *|<字段列表>|<输出列表达式>}
   [
       from <表名1>[,<表名2>…]
       [where <条件表达式>]
       [group by {字段名|表达式|列编号} [asc|desc],…[with rollup] ]
       [having <分组条件表达式>]
       [order by {字段名|表达式|列编号} [asc|desc],…]
       [limit {[偏移量,]行数|行数 offset 偏移量}]
   ]
```

或

```
select <字段1>,<字段2>…
from <表名>或<视图名>
where <查询条件>;
```

其中，各部分子句的含义如下:

[all|distinct]:“all” 这个关键字代表查询所有记录，为默认选项；“distinct” 这个关键字来过滤掉多余的重复记录，只保留一条，但往往只用它来返回不重复记录的条数，而不是用它来返回不重复记录的所有值。

{*|<字段列表>|<输出列表达式>}:“*”代表查询返回所有字段；“字段列表” 代表查询返回的字段名列表；“输出列表达式” 要输出对应表达式的值。

from <表名1>[,<表名2>…]:“表名1，表名2…” 表示查询数据的来源，可以是单个或多个。

[where <条件表达式>]:where 子句是可选项，如果选择该项，将限定查询行必须满足的查询条件。

[group by {字段名|表达式|列编号} [asc|desc],…[with rollup]]: 该子句告诉 MySQL 如何显示查询出来的数据，并按照指定的一个字段（列）、一个表达式或一个正整数分组。“[asc|desc]” 可对查询结果进行 asc（升序）或 desc（降序）。

[having <分组条件表达式>]:“分组条件表达式” 和 where 子句中的条件类似，不过 having 子句中的条件可以包含聚合函数，而 where 子句中则不可以。

[order by {字段名|表达式|列编号} [asc|desc],…]: order by 子句后可以是一个字段（列）、一个表达式或一个正整数。“[asc|desc]” 可对查询结果进行 asc(升序) 或 desc（降序）。

[limit {[偏移量,]行数|行数 offset 偏移量}]：偏移量和行数都必须是非负的整数常数。“偏移量”指返回的第一行的偏移量。“行数”指返回的行数。

4.2.1 简单查询

1. 选择指定的字段（列）

从select语句的基本语法格式可以看出，最简单的select语句是：

```
select 输出列表达式;
```

输出列表达式可以是MySQL所支持的任何运算的表达式，利用这个最简单的select语句，可以进行如“1+2”这样的运算：

```
mysql > select 1 +2;
+------+
|1 +2 |
+------+
|   3 |
+------+
1 rows in set (0.02 sec)
```

若select语句的表达式是表中的字段名，则字段名之间要以逗号分隔。

【例4.11】查询empMIS数据库的departments表中各部门的名称dname、部门所在城市dloc。

SQL代码：

```
use empMIS;
select dname,dloc from departments;
```

例4.11的执行结果如下所示：

```
+--------+---------+
|dname  |dloc  |
+--------+---------+
|销售部 |长春   |
|财务部 |沈阳   |
|开发部 |哈尔滨|
|人事部 |北京   |
|董事会 |北京   |
|后勤部 |北京   |
+--------+---------+
6 rows in set (0.02 sec)
```

当在select语句中使用“*”号时，表示选择查询表的所有字段。如要显示departments表中的所有字段，不必将其所有字段名一一列出，使用select * from departments;即可，执行结果如下所示：

```
mysql > select * from departments;
+-----+--------+---------+
|dno |dname |dloc |
+-----+--------+---------+
|1   |销售部 |长春  |
|2   |财务部 |沈阳  |
|3   |开发部 |哈尔滨|
|4   |人事部 |北京  |
|5   |董事会 |北京  |
|6   |后勤部 |北京  |
+-----+--------+---------+
6 rows in set (0.02 sec)
```

2. 定义字段别名

当希望查询结果中的字段使用自定义的列标题时，可以在字段名之后使用 as 或空格来更改查询结果的字段名，其格式为：

```
select 字段名    别名;
```

或

```
select 字段名 as 别名;
```

【例 4.12】查询 departments 表中的所有列，结果中各列的标题分别指定为部门编号、部门名称和部门所在城市。

SQL 代码：

```
select dno as '部门编号',dname as '部门名称',dloc '部门所在城市' from departments;
```

例 4.12 的执行结果如下所示：

```
+----------+----------+--------- - - ---+
|部门编号 |部门名称 |部门所在城市 |
+----------+----------+--------- - - ---+
|        1 |  销售部 |        长春 |
|        2 |  财务部 |        沈阳 |
|        3 |  开发部 |      哈尔滨 |
|        4 |  人事部 |        北京 |
|        5 |  董事会 |        北京 |
|        6 |  后勤部 |        北京 |
+----------+----------+--------- - - ---+
6 rows in set (0.02 sec)
```

当自定义的列标题为汉字或者含有空格时，必须使用单引号或双引号将标题括起来。自定义列标题时，也可以用空格代替“as”。

3. 替换查询结果中的数据

在对表进行查询时，有时对所查询的某些字段希望得到的是一种概念，而不是具体的数据。例如，查询 employees 表的员工工资，所希望知道的是员工工资的总体情况，而不是具体工资是多少，这时就可以用员工工资情况来替换具体的工资值。

要替换查询结果中的数据，则使用查询中的 case 表达式，其格式如下：

```
    case
    when 条件1 then 表达式1
    when 条件2 then 表达式2
    …
    else 表达式n
end
```

语法说明：

“case 表达式”以 case 开始，end 结束。MySQL 从“条件1”开始判断，“条件1”成立，输出“表达式1”，结束；若“条件1”不成立，判断“条件2”，若“条件2”成立，输出“表达式2”后结束；……如果条件都不成立，输出“表达式n”。

【例4.13】查询 employees 表中的员工编号 eno、员工姓名 ename、员工工资 esal、员工奖金 ebonus，对其奖金按以下规则进行替换：若奖金为空值，替换为“无业绩”；若奖金 <= 1000，替换为“业绩一般”；若奖金为 1001 ~ 2000 之间，替换为“业绩良好”；若奖金 >= 2001，替换为“业绩优秀”。列标题更改为“奖金”。

SQL 代码：

```
select eno,ename,esal,
    case
        when ebonus is null then '无业绩'
        when ebonus  < =1000 then '业绩一般'
        when ebonus > =1001 and ebonus < =2000 then '业绩良好'
        else '业绩优秀'
    end as '奖金'
from employees;
```

例4.13 的执行结果如下所示：

```
+------+-------+-------+----------+
|eno   |ename  |esal   |    奖金  |
+------+-------+-------+----------+
|    1 |  栾凯 |  1500 |   无业绩 |
| 1001 |  郑莹 | 10000 | 业绩良好 |
| 1002 |  梁睿 |  6000 | 业绩一般 |
| 2001 |  张松 |  8000 | 业绩一般 |
| 2002 |  孙威 |  4000 |   无业绩 |
```

```
|3001  |胡歌  |12000  |业绩优秀  |
|3002  |邓超  |7000   |业绩一般  |
|4001  |李丽  |8000   |业绩一般  |
|4002  |邵强  |4000   |无业绩    |
|5001  |姜红  |20000  |无业绩    |
+------+-------+-------+----------+
10 rows in set (0.02 sec)
```

4. 计算字段值

使用 select 对字段进行查询时，在结果中可以输出对字段值计算后的值，即 select 子句可使用表达式作为结果。

【例 4.14】对 employees 表中所有员工的工资涨 5%，并显示员工编号 eno、员工姓名 ename、员工原始工资 esal、工资涨 5% 之后的工资值，列标题为“涨后工资”。

SQL 代码：

```
select eno,ename,esal,esal + esal * 0.05 as '涨后工资'
from employees;
```

例 4.14 的执行结果如下所示：

```
+------+-------+-------+----------+
|eno   |ename |  esal |  涨后工资 |
+------+-------+-------+----------+
|    1 |  栾凯 |  1500 |  1575.00 |
|1001  |  郑莹 | 10000 | 10500.00 |
|1002  |  梁睿 |  6000 |  6300.00 |
|2001  |  张松 |  8000 |  8400.00 |
|2002  |  孙威 |  4000 |  4200.00 |
|3001  |  胡歌 | 12000 | 12600.00 |
|3002  |  邓超 |  7000 |  7350.00 |
|4001  |  李丽 |  8000 |  8400.00 |
|4002  |  邵强 |  4000 |  4200.00 |
|5001  |  姜红 | 20000 | 21000.00 |
+------+-------+-------+----------+
10 rows in set (0.02 sec)
```

5. 消除结果集中的重复行

对表只选择某些字段列时，可能会出现重复行。例如，若对 empMIS 数据库的 employees 表只选择员工领导编号 emgr、员工所在部门编号 deptno，则出现多行记录重复的情况。可以使用 distinct 关键字消除结果集中的重复行记录，其语法格式为：

```
select distinct 字段名1[,字段名2…] from 表名 …;
```

其含义是对结果集中的重复行只选择一行，保证行的唯一性。

【例4.15】对employees表只选择员工领导编号emgr、员工所在部门编号deptno，消除结果集中的重复行记录。

SQL代码：

```
select distinct emgr,deptno from employees;
```

例4.15的执行结果如下所示：

```
+------+--------+
|emgr  |deptno  |
+------+--------+
|NULL  |  NULL  |
|5001  |     1  |
|1001  |     1  |
|1002  |     1  |
|5001  |     2  |
|2001  |     2  |
|5001  |     3  |
|3001  |     3  |
|5001  |     4  |
|4001  |     4  |
|NULL  |     5  |
+------+--------+
11 rows in set (0.00 sec)
```

若不使用distinct关键字，在对employees表只选择员工领导编号emgr、员工所在部门编号deptno两个字段时，结果集中有很多重复行记录，如下所示：

```
mysql > select emgr,deptno from employees;
+------+--------+
|emgr  |deptno  |
+------+--------+
|NULL  |  NULL  |
|NULL  |  NULL  |
|5001  |     1  |
|1001  |     1  |
|1002  |     1  |
|1002  |     1  |
|1002  |     1  |
|5001  |     2  |
|2001  |     2  |
```

```
|2001 |2 |
|5001 |3 |
|3001 |3 |
|3001 |3 |
|3001 |3 |
|3001 |3 |
|5001 |4 |
|4001 |4 |
|4001 |4 |
|4001 |4 |
|NULL |5 |
+------+--------+
20 rows in set (0.00 sec)
```

6. 实训

① 查询所有图书的图书编号、图书名称、图书价格。

② 查询所有图书的图书名称、图书价格，并使用别名。

③ 查询所有图书名称，图书价格高于50的替换成“价高”，图书价格低于或等于50的替换成“价低”，并使用别名。

④ 对bookInfo表中所有图书的价格都提高10元，并显示图书名称、原图书价格、提价后的价格，使用别名。

4.2.2 常用函数（单行函数和聚合函数）

MySQL提供了众多功能强大、方便易用的函数。使用这些函数，可以极大地提高用户对数据库的管理效率。MySQL中的函数包括：数学函数、字符串函数、日期和时间函数、聚合函数和转换函数等其他函数。下面简要介绍一下MySQL中常用的函数的功能及示例。

1. 数学函数

数学函数主要用来处理数值数据，主要的数学函数有：绝对值函数、三角函数（包括正弦函数、余弦函数、正切函数、余切函数等）、对数函数、随机数函数等。在有错误产生时，数学函数将会返回空值null。下面简要介绍一些常用的数学函数，见表4-6。

表4-6 MySQL中常用的数学函数

函数名	描述	示例	结果
pi()	返回圆周率的值	select pi();	3.141593
abs(x)	返回x的绝对值	select abs(-3);	3
sqrt(x)	返回非负数x的二次方根	select sqrt(25);	5
pow(x, y)	返回x的y次乘方	select pow(2, 3);	8
ceiling(x)	返回大于x的最小整数值	select ceiling(3.42);	4

续表

函数名	描述	示例	结果
floor(x)	返回小于 x 的最大整数值	select floor(3.83);	3
mod(x, y)	返回 x/y 的模（余数）	select mod(8.32, 3);	2.32
round(x, y)	返回参数 x 的四舍五入的有 y 位小数的值	select round(2.4567, 2);	2.46
truncate(x, y)	返回数字 x 截断为 y 位小数的结果	select truncate(2.4567, 2);	2.45
rand()	返回 0 到 1 内的随机值，可以通过提供一个参数（种子）使 rand()随机数生成器生成一个指定的值	select rand(); select rand(10);	0.5511336210660018 0.6570515219653505

2. 字符串函数

字符串函数主要用来处理数据库中的字符串数据，MySQL 中字符串函数有：计算字符串长度函数、字符串合并函数、字符串替换函数、字符串比较函数、查找指定字符串位置函数等。下面简要介绍一些常用的字符串函数，见表 4-7。

表 4-7　MySQL 中常用的字符串函数

函数名	描述	示例	结果
char_length(str)	返回字符串 str 所包含的字符个数	select char_length('你好 china');	7
length(s)	返回字符串 str 中的字符的字节长度	select length('你好 china');	9
ascii(char)	返回字符的 ASCII 码值	select ascii('a');	97
concat (s1, s2..., sn)	将 s1, s2, …, sn 连接成一个字符串	select concat('I', 'love', 'china');	I love china
concat_ws(sep, s1, s2..., sn)	将 s1, s2, …, sn 连接成字符串，并用 sep 字符间隔	select concat_ws('*', 'hello', 'world');	hello * world
insert(str, x, y, instr)	将字符串 str 从第 x 位置开始的 y 个字符长的子串替换为字符串 instr，返回结果	select insert('you me!', 3, 3, 'and');	yoande!
lcase(str) 或 lower(str)	返回将字符串 str 中所有字符改变为小写后的结果	select lcase('china'); select lower('china');	china china
ucase(str) 或 upper(str)	返回将字符串 str 中所有字符转变为大写后的结果	select ucase('china'); select upper('china');	CHINA CHINA
left(str, x)	返回字符串 str 中最左边的 x 个字符	select left('hello', 2);	he
right(str, x)	返回字符串 str 中最右边的 x 个字符	select right('hello', 2);	lo

续表

函数名	描述	示例	结果
ltrim(str)	从字符串 str 中去掉开头的空格	select ltrim(' hello');	hello
instr(str, substr)	返回字符串 substr 在字符串 str 第一次出现的位置	select instr('foobarbar', 'bar');	4
position (substr in str)	返回子串 substr 在字符串 str 中第一次出现的位置	select position('l' in 'hello');	3
reverse(str)	返回颠倒字符串 str 的值	select reverse('hello');	olleh
strcmp(s1, s2)	比较字符串 s1 和 s2，所有字符均相同，返回 0；第一个小于第二个，返回 -1，其他返回 1	select strcmp('ab', 'ac');	-1
trim(str)	去除字符串首部和尾部的所有空格	select trim(' me ');	me
lpad(st, len, padstr) rpad(st, len, padstr)	用字符串 padstr 填补 st 左或右端，直到字串长度为 len	select lpad('hello', 7, '?'); select rpad('hello', 7, '?');	??hello hello??
substring(s, n, len)	从 s 字符串的第 n 个位置截取 len 长度个字符。n 若为负值，则从末尾倒数	select substring('breakfast', 5, 3);	kfa
replace(s, s1, s2)	使用字符串 s2 替代字符串 s 中所有的字符串 s1	select replace ('xxx.mysql.com', 'x', 'w');	www.mysql.com
space(n)	返回一个由 n 个空格组成的字符串	select concat('(',space (5),')');	( )

3. 日期和时间函数

日期和时间函数主要用来处理日期和时间值，一般的日期函数除了使用 date 类型的参数外，也可以使用 datetime 或者 timestamp 类型的参数，但会忽略这些值的时间部分。相同的，以 time 类型值为参数的函数，可以接受 timestamp 类型的参数，但会忽略日期部分，许多日期函数可以同时接受数字和字符串类型的两种参数。下面简要介绍一些常用的日期函数，见表 4-8。

表 4-8 MySQL 中常用的日期函数

函数名	描述	示例	结果
curdate()或 current_date()或 current_date	返回当前的日期	select curdate(), current_date ();	| 2017-08-08 | 2017-08-08 |
curtime()或 current_time()	返回当前的时间	select curtime(), current_time ();	| 15:49:24 | 15:49:24 |
now()	返回当前的日期和时间	select now();	2017-08-08 15:49:55

续表

函数名	描述	示例	结果
date_add(date, interval int keyword)	返回日期 date 加上间隔时间 int 的结果（int 必须按照关键字进行格式化）	select date_add(current_date, interval 6 month);	2018-02-08
dayofweek(date)	返回 date 所代表的一星期中的第几天（1~7）	select dayofweek('2017-8-8');	3
dayofmonth(date)	返回 date 是一个月的第几天（1~31）	select dayofmonth('2017-3-3');	3
dayofyear(date)	返回 date 是一年的第几天（1~366）	select dayofyear('2017-1-3');	3
monthname(date)	返回 date 是几月（按英文名返回）	select monthname('2017-08-05');	August
dayname(date)	返回 date 的星期名	select dayname(current_date);	Tuesday
weekday(date)	返回日期 date 是星期几（0=星期一，1=星期二，…，6=星期天）	select weekday('2017-8-8');	1
week(date)	返回日期 date 为一年中第几周（0~53）	select week('2017-01-20');	3
year(date)	返回日期 date 的年份(1000~9999)	select year('17-02-03');	2017
hour(time)	返回 time 的小时值(0~23)	select hour('09:03:34');	9
date_format(date, fmt)	依照指定的 fmt 格式格式化日期 date 值	select date_format('2017-8-8', '%w %m %y');	Tuesday August 2017

提示：在 date_format(date, fmt)函数中的 fmt 字符串中可用的格式符有：

```
%M 月名字(January…December)
%W 星期名字(Sunday…Saturday)
%D 有英语前缀的月份的日期(1st, 2nd, 3rd, 等等)
%Y 年, 数字, 4 位
%y 年, 数字, 2 位
%a 缩写的星期名字(Sun…Sat)
%d 月份中的天数, 数字(00…31)
%e 月份中的天数, 数字(0…31)
%m 月, 数字(01…12)
%c 月, 数字(1…12)
%b 缩写的月份名字(Jan…Dec)
```

```
%j 一年中的天数(001…366)
%H 小时(00…23)
%k 小时(0…23)
%h 小时(01…12)
%l 小时(1…12)
%i 分钟,数字(00…59)
%r 时间,12 小时(hh:mm:ss [AP]M)
%T 时间,24 小时(hh:mm:ss)
%S 秒(00…59)
%s 秒(00…59)
%p AM 或 PM
%w 一个星期中的天数(0 = Sunday …6 = Saturday )
%U 星期(0…52),这里星期天是星期的第一天
%u 星期(0…52),这里星期一是星期的第一天
%% 字符%
```

4. 转换函数

使用类型转换函数可以在各种类型数据之间转换数据类型。MySQL 中常用的转换函数有 cast() 和 convert() 函数，可用来获取一个类型的值，并产生另一个类型的值。两者具体的语法如下：

① cast(value as type)，即 cast(xxx as 类型)。

② convert(value，type)，即 convert(xxx，类型)。

但是要特别注意，可以转换的数据类型是有限制的。这个类型可以是以下类型中的一个：

```
二进制:同带 binary 前缀的效果 - > binary
字符型:可带参数 - >char()或 char(n)
日期:date
时间:time
日期时间型:datetime
浮点数:decimal
整数:signed
无符号整数:unsigned
```

示例如下：

```
mysql > select cast(100 as char(2)),convert('2017 -08 -08 17:17:17',
        time);
+-------------------+----------------------------------+
|cast(100 as char(2)) |convert('2017 -08 -08 17:17:17',time) |
+-------------------+----------------------------------+
|10                   |17:17:17                          |
+-------------------+----------------------------------+
1 rows in set (0.02 sec)
```

可以看到，cast(100 as char (2)) 将整数数据 100 转换为带有 2 个显示宽度的字符串类型，结果为‘10’；convert ('2017-08-08 17:17:17', time) 将 datetime 类型的值，转换为 time 类型值，结果为‘17:17:17’。

③ 不同进制的数字进行转换的函数。

conv(n, from_base,to_base) 函数进行不同进制数间的转换。返回值为数值 n 的字符串表示，由 from_base 进制转化为 to_base 进制。如有任意一个参数为 null，则返回值为 null。自变量 n 被理解为一个整数，但是可以被指定为一个整数或字符串。最小基数为 2，而最大基数则为 36。

【例 4.16】使用 conv 函数在不同进制数值之间转换。

输入语句后，执行效果如下：

```
mysql > select conv('A',16,2),conv(15,10,2),conv(15,10,8),conv
        (15,10,16);
+--------------+-------------+-------------+-------------+
|conv('a',16,2) |conv(15,10,2) |conv(15,10,8) |conv(15,10,16) |
+--------------+-------------+-------------+-------------+
|1010           |1111          |17            |f              |
+--------------+-------------+-------------+-------------+
1 rows in set (0.02 sec)
```

conv('A',16,2) 将十六进制的 A 转换为二进制表示的数值，十六进制的 A 表示十进制的数值 10，二进制的数值 1010 正好也等于十进制的数值 10；conv(15,10,2) 将十进制的数值 15 转换为二进制值，结果为 1111；conv(15,10,8) 将十进制的数值 15 转换为八进制值，结果为 17；conv(15,10,16) 将十进制的数值 15 转换为十六进制值，结果为 f。

进制说明：

```
二进制,采用 0 和 1 两个数字来表示的数。它以 2 为基数,逢二进一。
八进制,采用 0~7 八个数字,逢八进一,以数字 0 开头。
十进制,采用 0~9,共十个数字表示,逢十进一。
十六进制,它由 0~9,A~F 组成。与十进制的对应关系是:0~9 对应 0~9;A~F 对应
10~15,以 0x 开头。
```

5. 聚合函数（常用于 select 查询语句中的 group by 子句）

select 子句的表达式中可以包含聚合函数。聚合函数常常用于对一组值进行计算，然后返回单个值。除 count() 函数外，聚合函数都会忽略空值。聚合函数通常与 group by 子句一起使用。若 select 语句中有一个 group by 子句，则该聚合函数对所有字段列起作用；若没有，则 select 语句只产生一行作为结果。表 4-9 列出了一些常用的聚合函数及示例。

表 4-9　MySQL 中常用的聚合函数

函数名	描述	示例
avg(all | distinct | col)	返回指定字段的平均值	select avg(esal) from employees;

续表

函数名	描述	示例
count(all | distinct | col | *)	返回指定字段中非 null 值的个数	select count(eno), count(*), count(distinct deptno) from employees;
min(all | distinct | col)	返回指定字段的最小值	select min(esal) from employees;
max(all | distinct | col)	返回指定字段的最大值	select max(esal) from employees;
sum(all | distinct | col)	返回指定字段的所有值之和	select sum(esal) from employees;
group_concat(col)	返回由属于一组的字段值连接组合而成的结果	select deptno, group_concat(ename) from employees group by deptno;

聚合函数 group_concat(col) 的示例及执行效果如下：

```
mysql > select ejob,group_concat(ename separator ';')
    - > from employees group by deptno;
+--------+--------------------------------+
|ejob    |group_concat(ename separator ';') |
+--------+--------------------------------+
|null    |栾凯;程程                         |
|销售部长|郑莹;梁睿;赵思;高文;杨幂          |
|财务部长|张松;孙威;王东                    |
|开发部长|胡歌;邓超;陈赫;鹿晗;杨洋          |
|人事部长|李丽;邵强;吴坤;马萍               |
|董事长  |姜红                              |
+--------+--------------------------------+
6 rows in set (0.02 sec)
```

6. 条件判断函数

条件判断函数也称为控制流程函数，根据满足的条件的不同，执行相应的流程。MySQL 中进行条件判断的函数有 if、ifnull 和 case。下面重点讲解 if 和 ifnull 的用法。

(1) if(expr,v1,v2) 函数

如果表达式 expr 是 true(expr <>0 and expr <> null)，则 if() 的返回值为 v1；否则返回值为 v2。if() 的返回值为数值或字符串值，具体情况视其所在语境而定。

如下代码所示：

```
mysql > select if(1 >2,2,3),if(1 <2,'yes','no'),if(strcmp('test',
        'test1'),'no','yes');
+----------+-----------------+------------------------------+
|if(1 >2,2,3)|if(1<2,'yes','no')|if(strcmp('test','test1'),'no','yes')|
+----------+-----------------+------------------------------+
|         3 |yes              |no                            |
+----------+-----------------+------------------------------+
1 rows in set (0.02 sec)
```

1 >2 的结果为 false，if(1 >2,2,3）返回第 2 个表达式的值；1 <2 的结果为 true，if（1 <2,'yes','no'）返回第一个表达式的值；“test”小于“test1”，结果为 true，if（strcmp（'test','test1'),'no'，'yes'）返回第一个表达式的值。

提示：如果 v1 或 v2 中只有一个明确是 null，则 if()函数的结果类型为非 null 表达式的结果类型。

（2）ifnull(v1,v2）函数

假如 v1 不为 null，则 ifnull(）的返回值为 v1；否则其返回值为 v2。ifnull(）的返回值是数字或是字符串，具体情况取决于其所在的语境。

如下代码所示：

```
mysql > select ifnull(1,2),ifnull(null,10),ifnull(1/0,'wrong');
+-----------+-------------+------------------+
|ifnull(1,2) |ifnull(null,10) |ifnull(1/0,'wrong') |
+-----------+-------------+------------------+
|1 |10 |wrong |
+-----------+-------------+------------------+
1 rows in set (0.02 sec)
```

ifnull(1,2）虽然第二个值也不为空，但返回结果依然是第一个值；ifnull(null,10）第一个值为空，因此返回 10；“1/0”的结果为空，因此 ifnull(1/0,'wrong'）返回字符串“wrong”。

7. 实训

① 返回数字 3. 8378 四舍五入后保留 3 位有效数字的结果，返回数字 3. 8378 截断后保留 3 位有效数字的结果。

② 返回‘A’字符的 ASCII 码值，字符串“hello”的字符个数。

③ 返回“你好”“ 中国!”这两个字符串连接后用“#”分隔的字符串。

④ 返回将字符串“I love China!”全部转变为大写字母和小写字母的结果并反转显示。

⑤ 返回字符串“constraint fk_id”中最左边和最右边的 5 个字符。

⑥ 从字符串“I love China!”中截取 5 个字符，其结果为“China”。

⑦ 返回当前的系统日期中的日、月、年、星期，效果如“21st - 08 - 2017 Monday”。

⑧ 查询 bookDB 数据库中，所有图书总数量、总价格、平均价格、最高价、最低价。

⑨ 查询部门编号为 3 的员工编号 eno，工资等级（高于 6 000 显示“高工资”；3 000 ~ 6 000显示“中工资”；低于 3 000 显示“低工资”）。

⑩ 查询 empMIS 数据库中按年薪排序的所有员工的年薪（包括工资和奖金 ifnull）。

4. 2. 3　单表查询

数据库中包含大量的数据，根据特殊要求，可能只需要查询表中的指定数据，即对数据进行过滤。在 select 语句中，通过 where 子句可以对数据进行过滤，语法格式为：

```
select [all |distinct] * |字段名列表
from 表名列表
where <条件表达式> ;
```

判断运算条件表达式的结果为 true、false 或 unknown，格式如下：

```
表达式 { = |< |< = |> |> = |< > |< = > |! = } 表达式1  /* 比较运算 */
|表达式 {not |or |and} 表达式1   /* 逻辑运算 */
|表达式 [not] like 表达式1  /* like 运算符 */
|表达式 [not] between 表达式1 and 表达式2  /* 指定范围 */
|表达式 is [not] null   /* 是否空值判断 */
|表达式 [not] in(子查询 |表达式1[,…表达式n])  /* in 子句 */
```

where 子句根据条件对 from 子句的中间结果中的行进行一行一行判断，当条件为 true 时，该行就被包含到 where 子句的中间结果集中。

在 SQL 中，返回逻辑值（true 或 false）的运算符或关键字都可称为谓词，判定运算包括比较运算、模式匹配、范围比较、空值比较和子查询。关于运算符相关内容请参看“4.1.1 MySQL 的运算符”。

1. 查询指定记录

【例 4.17】查询 employees 表中工资 esal 为 3 000 元的员工信息。

SQL 语句如下：

```
select * from employees where esal =3000;
```

该语句使用 select 声明从 employees 表中获取工资等于 3 000 的员工信息，从查询结果可以看到，工资等于 3 000 的员工有两个，其他的均不满足查询条件，查询结果如下：

```
mysql > select * from employees where esal =3000;
+----+-----+----------+------+----+----+------+------+
| eno | ename | ehiredate   | ejob | emgr | esal | ebonus | deptno |
+----+-----+----------+------+----+----+------+------+
|2003| 王东   |1998 -10 -20 | 出纳   |2001 |3000 |NULL   |2      |
|4004| 马萍   |2009 -05 -17 | 办事员|4001 |3000 |NULL   |4      |
+----+-----+----------+------+----+----+------+------+
2 rows in set (0.00 sec)
```

本例采用了简单的相等过滤，查询一个指定字段 esal 等于值 3 000。因为没有要求查询 employees 表中的哪些字段，所以用“ * ”查询所有字段。

相等还可以用来比较字符串，如下：

【例 4.18】查询 employees 表中员工姓名 ename 为“胡歌”的姓名 ename、职位 ejob 和工资 esal。

SQL 语句如下：

```
select ename,ejob,esal from employees
where ename = '胡歌';
```

从查询结果可以看到，只有员工姓名为“胡歌”的行被返回，其他的均不满足查询条件。

```
mysql > select ename,ejob,esal from employees
 - > where ename = '胡歌';
+-------+----------+-------+
| ename | ejob     | esal  |
+-------+----------+-------+
| 胡歌  | 开发部长 |12000|
+-------+----------+-------+
1 rows in set (0.02 sec)
```

因为此示例中明确指定 select 所要查询的字段列为职位 ejob 和工资 esal，并且在题目中提到员工姓名 ename，因此确定该查询的字段名列表为 ename，ejob，esal，而不是“*”。

【例4.19】查询 employees 表中工资 esal 低于2 000 的员工姓名 ename 和工资 esal。

SQL 语句如下：

```
select ename,esal from employees
where esal <2000;
```

该语句使用 select 声明从 employees 表中获取工资 esal 低于2 000 的员工姓名 ename，即 esal 小于2 000 的员工信息被返回，查询结果如下：

```
mysql > select ename,esal from employees
    - > where esal <2000;
+-------+------+
| ename | esal |
+-------+------+
| 栾凯  |1500  |
| 程程  |1500  |
| 赵思  |1500  |
| 高文  |1500  |
| 杨幂  |1500  |
+-------+------+
5 rows in set (0.02 sec)
```

可以看到查询结果中，所有记录的 esal 字段列的值均小于2 000 元，而大于或等于2 000 元的记录没有被返回。

实训：

① 查询 employees 表中职位是“销售员”的员工信息。

② 查询 employees 表中日期“1999－12－31”以后入职的员工的姓名、雇用日期、工资。

③ 查询 employees 表中姓名为“邓超”的员工的信息。

2. 带 in 关键字的查询

in 操作符用来查询满足指定范围内的条件记录，使用 in 操作符，将所有检索条件用括号括起来，检索条件之间用逗号分隔开，只要满足条件范围内的一个值即为匹配项。

【例4.20】查询 employees 表中部门编号为1或2或5的员工信息。

SQL 语句及执行效果如下：

```
mysql > select * from employees
    - > where deptno in(1,2,5);
+---+----+---------+-------+---+----+-----+-----+
|eno |ename |ehiredate  |ejob   |emgr |esal |ebonus |deptno |
+---+----+---------+-------+---+----+-----+-----+
|1001|郑莹  |1999 -01 -01|销售部长|5001 |10000|1500   |1      |
|1002|梁睿  |1999 -07 -07|经理    |1001 |6000 |1000   |1      |
|1003|赵思  |1999 -07 -07|销售员  |1002 |1500 |2000   |1      |
|1004|高文  |2000 -01 -01|销售员  |1002 |1500 |2000   |1      |
|1005|杨幂  |2005 -01 -01|销售员  |1002 |1500 |2000   |1      |
|2001|张松  |1998 -10 -03|财务部长|5001 |8000 |1000   |2      |
|2002|孙威  |1998 -10 -20|会计    |2001 |4000 |NULL   |2      |
|2003|王东  |1998 -10 -20|出纳    |2001 |3000 |NULL   |2      |
|5001|姜红  |1998 -01 -01|董事长  |NULL |20000|NULL   |5      |
+---+----+---------+-------+---+----+-----+-----+
9 rows in set (0.02 sec)
```

相反，可以使用关键字 not in 来检索不在条件范围内的记录。

【例4.21】查询 employees 表中部门编号不是1、2、5的员工信息。

SQL 语句及执行效果如下：

```
mysql > select * from employees
    - > where deptno not in(1,2,5);
+---+----+---------+-------+---+----+-----+-----+
|eno |ename |ehiredate  |ejob   |emgr |esal |ebonus |deptno |
+---+----+---------+-------+---+----+-----+-----+
|3001|胡歌  |1999 -06 -01|开发部长|5001 |12000|3000   |3      |
|3002|邓超  |1999 -12 -06|项目经理|3001 |7000 |1000   |3      |
|3003|陈赫  |2000 -01 -01|程序员  |3001 |6000 |1000   |3      |
|3004|鹿晗  |2000 -01 -01|程序员  |3001 |6500 |2000   |3      |
|3005|杨洋  |2003 -09 -01|程序员  |3001 |4000 |1000   |3      |
|4001|李丽  |1999 -01 -01|人事部长|5001 |8000 |1000   |4      |
|4002|邵强  |1999 -02 -10|办事员  |4001 |4000 |NULL   |4      |
|4003|吴坤  |2007 -10 -01|办事员  |4001 |3500 |NULL   |4      |
|4004|马萍  |2009 -05 -17|办事员  |4001 |3000 |NULL   |4      |
+---+----+---------+-------+---+----+-----+-----+
9 rows in set (0.02 sec)
```

可以看到，该语句在 in 关键字前面加上了 not 关键字，这使得查询的结果与前面一个结果正好相反，前面检索了 deptno 字段值等于 1、2、5 的记录，而这里所要求的查询记录中 deptno 字段值不等于这三个值中的任何一个。

实训：

① 查询 employees 表中员工职位 ejob 为程序员、人事部长的员工信息。

② 查询 employees 表中 deptno 等于 1、2、3、4 的员工的姓名、职位。

③ 查询 employees 表中不是办事员、销售员、程序员的员工信息。

3. 带 between and 的范围查询

between and 用来查询某个范围内的值，该操作符需要两个参数，即范围的开始值和结束值，如果字段值满足指定的范围查询条件，则这些记录被返回。

【例 4.22】查询 employees 表中员工工资 esal 为 2 000 ~ 3 000 元的员工姓名 ename 和员工工资 esal。

SQL 语句及执行效果如下：

```
mysql > select ename,esal from employees
    - > where esal between 2000 and 3000;
 +-------+------+
 |ename  |esal |
 +-------+------+
 |高文   |2000 |
 |王东   |2900 |
 |马萍   |3000 |
 +-------+------+
3 rows in set (0.02 sec)
```

可以看到，返回结果包含了员工工资为 2 000 ~ 3 000 元的字段值，并且端点值 2 000、3 000包括在返回结果中，即 between and 匹配范围中所有值，包括开始值和结束值。

between and 操作符前可以加关键字 not，表示指定范围之外的值，如果字段值不满足指定的范围内的值，则这些记录被返回。

【例 4.23】查询 employees 表中员工工资 esal 不在 2 000 ~ 10 000 元的员工姓名 ename 和员工工资 esal。

SQL 语句及执行效果如下：

```
mysql > select ename,esal from employees
    - > where esal not between 2000 and 10000;
 +-------+-------+
 |ename  |esal |
 +-------+-------+
 |栾凯   |1500 |
 |程程   |1500 |
```

```
|赵思 |1500  |
|杨幂 |1500  |
|胡歌 |12000 |
|姜红 |20000 |
+-------+-------+
6 rows in set (0.02 sec)
```

由结果可以看到，返回的记录有员工工资 esal 字段值大于 10 000 的，也有员工工资 esal 字段值小于 2 000 的记录。

实训：

① 查询 employees 表中雇用日期 ehiredate 在‘2007 - 1 - 1’到‘2017 - 1 - 1’之间的员工信息。

② 查询 employees 表中雇用日期 ehiredate 不在‘2007 - 1 - 1’到‘2017 - 1 - 1’之间的员工信息。

4. 带 like 的字符匹配查询

在前面的检索操作中，讲述了如何查询多个字段的记录，如何进行比较查询或者是查询一个条件范围内的记录，如果要查找所有的包含汉字“王”的员工姓名，该如何查找呢？简单的比较操作在这里已经行不通了，在这里，需要使用通配符进行匹配查找，通过创建查找模式对表中的数据进行比较。执行这个任务的关键字是 like。

通配符是一种在 SQL 的 where 条件子句中拥有特殊意思的字符，SQL 语句中支持多种通配符，可以和 like 一起使用的通配符有‘%’和‘_’。

(1) 百分号通配符‘%’，匹配任意长度的字符，甚至包括零字符

【例 4. 24】查询 departments 表中部门名称 dname 以“开”字开头的部门信息。

SQL 语句及执行效果如下：

```
mysql > select * from departments where dname like '开%';
+-----+--------+---------+
|dno |dname |dloc |
+-----+--------+---------+
|3   |开发部 |哈尔滨|
+-----+--------+---------+
1 rows in set (0.02 sec)
```

该语句查询的结果返回部门名称 dname 所有以“开”字开头的部门信息，‘%’告诉 MySQL 返回所有以“开”字开头的记录，不管“开”字后面有多少个字符。

在搜索匹配时，通配符‘%’可以放在不同位置，如例 4. 25。

【例 4. 25】查询 employees 表中员工姓名 ename 中包含“杨”字的员工信息。

SQL 语句及执行效果如下：

```
mysql > select * from employees
    - > where ename like '% 杨% ';
+-----+------+---------+-------+-----+-----+-------+-------+
|eno  |ename |ehiredate   |ejob |emgr |esal |ebonus |deptno |
+-----+------+---------+-------+-----+-----+-------+-------+
|1005 |杨幂   |2005 -01 -01|销售员|1002 |1500 |2000   |1      |
|3005 |杨洋   |2003 -09 -01|程序员|3001 |4000 |1000   |3      |
+-----+------+---------+-------+-----+-----+-------+-------+
2 rows in set (0.02 sec)
```

该语句查询字符串中包含“杨”字的员工信息，只要员工姓名中有汉字“杨”，而前面或后面不管有多少个字符，都满足查询的条件。

【例4.26】查询 employees 表中以‘r’开头，并以‘e’结尾的员工信息。

SQL 语句及执行效果如下：

```
mysql > select * from employees
    - > where ename like 'r% e';
+-----+------+---------+-------+-----+-----+-------+-------+
|eno  |ename |ehiredate   |ejob |emgr |esal |ebonus |deptno |
+-----+------+---------+-------+-----+-----+-------+-------+
|4002 |rose  |1999 -02 -10|办事员|4001 |4000 |NULL   |4      |
+-----+------+---------+-------+-----+-----+-------+-------+
1 rows in set (0.02 sec)
```

通过以上查询结果可以看到，‘%’用于匹配在指定的位置的任意数目的字符。

（2）下划线通配符‘_’，一次只能匹配任意一个字符

另一个非常有用的通配符是下划线通配符‘_’，该通配符的用法和‘%’相同，区别是‘%’可以匹配多个字符，而‘_’只能匹配任意单个字符，如果要匹配多个字符，则需要使用相同个数的‘_’。

【例4.27】在 employees 表中，查询员工姓名 ename 以字母‘h’结尾，且‘h’前面只有4个字母的员工信息。

SQL 语句及执行效果如下：

```
mysql > select * from employees
    - > where ename like '____h';
+-----+------+---------+-------+-----+-----+-------+-------+
|eno  |ename |ehiredate   |ejob |emgr |esal |ebonus |deptno |
+-----+------+---------+-------+-----+-----+-------+-------+
|1004 |smith |2000 -01 -01|销售员|1002 |2000 |2000   |1      |
+-----+------+---------+-------+-----+-----+-------+-------+
1 rows in set (0.02 sec)
```

从结果可以看到，以‘h’结尾且前面只有4个字母的记录只有一条。其他记录的

ename 字段也有以‘h’结尾的，但其总的字符串长度不为 5，因此不在返回结果中。

在 MySQL 中，一个汉字相当于两个英文字母的宽度，所以如果要匹配任意一个汉字应该使用两个‘_’。

【例 4.28】在 employees 表中，查询员工姓名 ename 的第二个汉字为“晗”的员工信息。

SQL 语句及执行效果如下：

```
mysql > select * from employees where ename like '____晗';
+-----+------+----------+-----+-----+-----+-------+-------+
|eno  |ename |ehiredate  |ejob |emgr |esal |ebonus |deptno |
+-----+------+----------+-----+-----+-----+-------+-------+
|3004 |鹿晗  |2000-01-01|程序员|3001 |6500 |2000   |3      |
+-----+------+----------+-----+-----+-----+-------+-------+
1 rows in set (0.02 sec)
```

实训：

① 在 employees 表中，查询员工姓名 ename 中包含‘o’的员工信息。

② 在 employees 表中，查询员工姓名 ename 中包含三个汉字，且第三个汉字为“东”的员工信息。

5. 查询空值

创建数据表的时候，设计者可以指定某字段中是否可以包含空值（null）。空值不同于 0，也不同于空字符串。空值一般表示数据未知、不适用或将在以后添加数据。在 select 语句中使用 is null 子句，可以查询某字段内容为空的记录。

【例 4.29】查询 employees 表中员工奖金 ebonus 为空记录的 eno、ename、ejob、ebonus 字段值。

SQL 语句及执行效果如下：

```
mysql > select eno,ename,ejob,ebonus
    - > from employees where ebonus is null;
+------+------+-------+-------+
|eno   |ename |ejob   |ebonus |
+------+------+-------+-------+
|1     |栾凯  |NULL   |NULL   |
|2     |程程  |NULL   |NULL   |
|2002  |孙威  |会计   |NULL   |
|2003  |王东  |出纳   |NULL   |
|4002  |rose  |办事员 |NULL   |
|4003  |吴坤  |办事员 |NULL   |
|4004  |马萍  |办事员 |NULL   |
|5001  |姜红  |董事长 |NULL   |
+------+------+-------+-------+
8 rows in set (0.02 sec)
```

可以看到，显示了 employees 表中字段 ebonus 的值为 null 的记录，满足查询条件。

与 is null 相反的是 is not null，该关键字查找字段值不为空的记录。

【例4.30】查询 employees 表中员工奖金 ebonus 不为空记录的 eno，ename，ejob，ebonus 字段的值。

SQL 语句及执行效果如下：

```
mysql > select eno,ename,ejob,ebonus
    - > from employees where ebonus is not null;
+------+-------+--------+--------+
| eno  | ename | ejob   | ebonus |
+------+-------+--------+--------+
| 1001 | 郑莹  | 销售部长 | 1500   |
| 1002 | 梁睿  | 经理    | 1000   |
| 1003 | 赵思  | 销售员  | 2000   |
| 1004 | smith | 销售员  | 2000   |
| 1005 | 杨幂  | 销售员  | 2000   |
| 2001 | 张松  | 财务部长 | 1000   |
| 3001 | 胡歌  | 开发部长 | 3000   |
| 3002 | 邓超  | 项目经理 | 1000   |
| 3003 | 陈赫  | 程序员  | 1000   |
| 3004 | 鹿晗  | 程序员  | 2000   |
| 3005 | 杨洋  | 程序员  | 1000   |
| 4001 | 李丽  | 人事部长 | 1000   |
+------+-------+--------+--------+
12 rows in set (0.02 sec)
```

可以看到，查询出记录的 ebonus 字段的值都不为空。

实训：

① 查询工资表 salary 中奖金为空的员工的编号。

② 查询员工表 employees 中没有分配职位的员工信息。

6. 带 and 的多条件查询

使用 select 查询时，可以增加查询的限制条件，这样可以使查询的结果更加精确。MySQL 在 where 子句中使用 and 操作符，限定只有满足所有查询条件的记录才会被返回。可以使用 and 连接两个甚至多个查询条件，多个条件表达式之间用 and 分开。

【例4.31】查询 employees 表中部门编号 deptno 为2，并且员工工资 esal 大于5 000 的员工姓名 ename、员工工资 esal、部门编号 deptno。

SQL 语句及执行效果如下：

```
mysql > select ename,esal,deptno from employees
    - > where deptno =2 and esal >5000;
+--------+------+--------+
```

```
|ename |esal |deptno |
+-------+------+--------+
|张松   |8000 |2       |
+-------+------+--------+
1 rows in set (0.02 sec)
```

例4.31中的SQL语句检索了部门编号deptno为2的，并且员工工资esal大于5 000的员工姓名ename、员工工资esal、部门编号deptno。where子句中的条件分为两部分，and关键字指示MySQL返回所有同时满足两个条件的行。即使是deptno为2的员工信息，如果esal小于等于5 000；或者deptno不等于2的员工信息，不管esal为多少，均不是要查询的结果。

提示：上述例子的where子句中只包含了一个and语句，把两个过滤条件组合在一起。实际上可以添加多个and过滤条件，增加条件的同时增加一个and关键字。

【例4.32】查询employees表中职位ejob为“程序员”或者“销售员”，且员工工资esal在4000以上，并且奖金ebonus低于2 000的员工信息。

SQL语句及执行效果如下：

```
mysql > select * from employees
 - > where ejob in('程序员','销售员') and esal >4000 and ebonus <2000;
+-----+------+----------+-----+-----+-----+------+-------+
|eno |ename |ehiredate   |ejob |emgr |esal |ebonus |deptno |
+-----+------+----------+-----+-----+-----+------+-------+
|3003|陈赫   |2000 -01 -01|程序员|3001 |6000 |1000    |3       |
+-----+------+----------+-----+-----+-----+------+-------+
1 rows in set (0.02 sec)
```

可以看到，符合查询条件的返回记录只有一条。

实训：

① 查询工资表salary中奖金在2 000 ~ 3 000之间的信息。

② 查询工资表salary中奖金不在2 000 ~ 3 000之间的信息。

7. 带or的多条件查询

与and相反，在where声明中使用or操作符，表示只需要满足其中一个条件的记录即可返回。or也可以连接两个甚至多个查询条件，多个条件表达式之间用or分开。

【例4.33】查询employees表中职位ejob为“办事员”或者“销售员”，或者员工工资esal高于10 000的员工信息。

SQL语句及执行效果如下：

```
mysql > select * from employees
    - > where ejob = '办事员' or ejob = '销售员' or esal >10000;
+----+------+----------+------+----+-----+------+------+
|eno |ename |ehiredate |ejob |emgr |esal |ebonus |deptno |
```

```
+----+------+----------+-------+----+-----+------+-------+
|1003 |赵思  |1999-07-07 |销售员  |1002 |1500 |2000 |1 |
|1004 |smith|2000-01-01 |销售员  |1002 |2000 |2000 |1 |
|1005 |杨幂  |2005-01-01 |销售员  |1002 |1500 |2000 |1 |
|3001 |胡歌  |1999-06-01 |开发部长|5001 |12000|3000 |3 |
|4002 |rose |1999-02-10 |办事员  |4001 |4000 |NULL |4 |
|4003 |吴坤  |2007-10-01 |办事员  |4001 |3500 |NULL |4 |
|4004 |马萍  |2009-05-17 |办事员  |4001 |3000 |NULL |4 |
|5001 |姜红  |1998-01-01 |董事长  |NULL |20000|NULL |5 |
+----+------+----------+-------+----+-----+------+-------+
8 rows in set (0.02 sec)
```

通过显示结果可以发现，or 操作符告诉 MySQL，检索的时候只需要满足其中的一个条件，不需要全部都满足。如果这里使用 and 操作符，将检索不到符合条件的数据。因为没有哪个员工的职位既是“办事员” 又是“销售员”，同时工资还高于 10 000 的。

在这里，也可以使用 in 操作符实现与 or 相同的功能，下面的例子可进行说明。

【例 4. 34】查询 employees 表中职位 ejob 为“办事员”或者“销售员”，或者员工工资 esal 高于 10000 的员工信息。

SQL 语句及执行效果如下：

```
mysql > select * from employees
    - > where ejob in('办事员','销售员') or esal >10000;
+----+------+----------+-------+----+-----+------+-------+
|eno  |ename |ehiredate   |ejob   |emgr |esal  |ebonus |deptno |
+----+------+----------+-------+----+-----+------+-------+
|1003 |赵思  |1999-07-07|销售员  |1002 |1500 |2000   |1      |
|1004 |smith |2000-01-01|销售员  |1002 |2000 |2000   |1      |
|1005 |杨幂  |2005-01-01|销售员  |1002 |1500 |2000   |1      |
|3001 |胡歌  |1999-06-01|开发部长|5001 |12000|3000   |3      |
|4002 |rose  |1999-02-10|办事员  |4001 |4000 |NULL   |4      |
|4003 |吴坤  |2007-10-01|办事员  |4001 |3500 |NULL   |4      |
|4004 |马萍  |2009-05-17|办事员  |4001 |3000 |NULL   |4      |
|5001 |姜红  |1998-01-01|董事长  |NULL |20000|NULL   |5      |
+----+------+----------+-------+----+-----+------+-------+
8 rows in set (0.02 sec)
```

在这里可以看到，or 操作符和 in 操作符使用后的结果是一样的，它们可以实现相同的功能。但是使用 in 操作符使检索语句更加简洁明了，并且 in 执行的速度要快于 or。更重要的是，使用 in 操作符可以执行更加复杂的嵌套查询（后面部分会讲述）。对于 or 对应的表达式，可以是不同的字段，而 in 操作符对应的表达式只有一个字段。

提示:or 可以和 and 一起使用,但是在使用时要注意两者的优先级,由于 and 的优先级高于 or,因此先对 and 两边的操作数进行操作,再与 or 中的操作数结合。

实训:

① 查询部门地址是“长春”或“沈阳”的部门信息。

② 查询部门编号等于“5”或者是部长的员工信息。

8. 对查询结果排序

从前面的查询结果能够发现有些字段的值是没有任何顺序的，MySQL 可以通过在 select 语句的末尾使用 order by 子句，对查询的结果进行排序。基本语法格式为：

```
[order by {字段名|表达式|列编号|别名} [asc|desc],…]
```

(1) 单字段排序

例如，查询部门编号 deptno 为 1 的员工的姓名。

SQL 语句及执行效果如下：

```
mysql > select ename from employees where deptno =1;
+--------+
| ename |
+--------+
| 郑莹   |
| 梁睿   |
| 赵思   |
| smith |
| 杨幂   |
+--------+
5 rows in set (0.02 sec)
```

可以看到，查询的数据并没有以一种特定的顺序显示，如果没有对它们进行排序，将根据它们插入数据表中的顺序来显示。

下面使用 order by 子句对指定的列数据进行排序。

【例 4.35】查询 employees 表中部门编号 deptno 为 1 的员工的姓名，并按姓名对其进行排序。

SQL 语句及执行效果如下：

```
mysql > select ename from employees where deptno =1 order by ename;
+--------+
| ename |
+--------+
| 梁睿   |
| 杨幂   |
| 赵思   |
| 郑莹   |
| smith |
+--------+
5 rows in set (0.02 sec)
```

该语句查询的结果和前面的语句相同，不同的是，通过指定 order by 子句，MySQL 对查询的 ename 字段的数据按字母表的顺序进行了升序排序。

（2）多字段排序

有时需要根据多字段值进行排序。比如，如果要显示一个员工列表，可能会有多个员工的姓氏是相同的，因此可能还需要根据员工的其他字段进行排序。对多列数据进行排序，须将需要排序的列之间用逗号隔开。

【例4.36】查询 employees 表中部门编号 deptno 等于1或2的部门的员工信息，先按部门编号 deptno 排序，再按工资 esal 排序。

SQL 语句及执行效果如下：

```
mysql > select * from employees
    - > where deptno =1 or deptno =2 order by deptno,esal;
+---+----+---------+-------+---+----+-----+-----+
|eno  |ename |ehiredate   |ejob    |emgr |esal |ebonus |deptno |
+---+----+---------+-------+---+----+-----+-----+
|1003 |赵思  |1999 -07 -07|销售员   |1002 |1500 |2000   |1      |
|1005 |杨幂  |2005 -01 -01|销售员   |1002 |1500 |2000   |1      |
|1004 |smith |2000 -01 -01|销售员   |1002 |2000 |2000   |1      |
|1002 |梁睿  |1999 -07 -07|经理     |1001 |6000 |1000   |1      |
|1001 |郑莹  |1999 -01 -01|销售部长|5001 |10000|1500   |1      |
|2003 |王东  |1998 -10 -20|出纳     |2001 |2900 |NULL   |2      |
|2002 |孙威  |1998 -10 -20|会计     |2001 |4000 |NULL   |2      |
|2001 |张松  |1998 -10 -03|财务部长|5001 |8000 |1000   |2      |
+---+----+---------+-------+---+----+-----+-----+
8 rows in set (0.02 sec)
```

由例4.36可以看出，查询先按照 deptno 字段升序排列，对于 deptno 字段值相同的记录，再按照 esal 升序排列。

提示：在对多字段进行排序的时候，只有当排序的第一列有相同的列值时，才会对第二列进行排序。如果第一列数据中所有值都是唯一的，将不再对第二列进行排序。

（3）指定排序方向

默认情况下，查询数据按字母升序进行排序（a～z），但数据的排序并不仅限于此，还可以使用 order by 对查询结果进行降序排序（z～a），这可以通过关键字 desc 实现。下面的例子表明了如何进行降序排列。

【例4.37】查询 employees 表中部门编号 deptno 等于1或2的部门的员工信息，先按部门编号 deptno 降序排序，再按工资 esal 降序排序。

SQL 语句及执行效果如下：

```
mysql > select * from employees
    - > where deptno =1 or deptno =2 order by deptno desc,esal desc;
+---+----+---------+-------+---+----+-----+-----+
```

```
|eno  |ename |ehiredate   |ejob    |emgr |esal  |ebonus |deptno |
+---+----+---------+------+---+----+-----+-----+
|2001 |张松   |1998-10-03|财务部长|5001 |8000  |1000   |2      |
|2002 |孙威   |1998-10-20|会计    |2001 |4000  |NULL   |2      |
|2003 |王东   |1998-10-20|出纳    |2001 |2900  |NULL   |2      |
|1001 |郑莹   |1999-01-01|销售部长|5001 |10000|1500   |1      |
|1002 |梁睿   |1999-07-07|经理    |1001 |6000  |1000   |1      |
|1004 |smith |2000-01-01|销售员  |1002 |2000  |2000   |1      |
|1003 |赵思   |1999-07-07|销售员  |1002 |1500  |2000   |1      |
|1005 |杨幂   |2005-01-01|销售员  |1002 |1500  |2000   |1      |
+---+----+---------+------+---+----+-----+-----+
8 rows in set (0.02 sec)
```

例 4.37 先按部门编号 deptno 降序排序，再按工资 esal 降序排序，结果和例 4.36 的查询结果正好相反。

提示：与 desc 相反的是 asc(升序排序)，将字段列中的数据，按字母表顺序升序排序。实际上，在排序的时候 asc 是作为默认的排序方式，所以加不加都可以。

例 4.37 的代码也可以写成下面的形式，功能不变：

```
mysql > select * from employees
    - > where deptno =1 or deptno =2 order by 8 desc,6 desc;
+---+----+---------+------+---+----+-----+-----+
|eno  |ename |ehiredate   |ejob    |emgr |esal  |ebonus |deptno |
+---+----+---------+------+---+----+-----+-----+
|2001 |张松   |1998-10-03|财务部长|5001 |8000  |1000   |2      |
|2002 |孙威   |1998-10-20|会计    |2001 |4000  |NULL   |2      |
|2003 |王东   |1998-10-20|出纳    |2001 |2900  |NULL   |2      |
|1001 |郑莹   |1999-01-01|销售部长|5001 |10000|1500   |1      |
|1002 |梁睿   |1999-07-07|经理    |1001 |6000  |1000   |1      |
|1004 |smith |2000-01-01|销售员  |1002 |2000  |2000   |1      |
|1003 |赵思   |1999-07-07|销售员  |1002 |1500  |2000   |1      |
|1005 |杨幂   |2005-01-01|销售员  |1002 |1500  |2000   |1      |
+---+----+---------+------+---+----+-----+-----+
8 rows in set (0.02 sec)
```

对于 order by 后面的字段名，可以用 select 查询列表中字段的顺序号代替（1，2，3，…），也可以用字段的别名代替，如下代码所示：

```
mysql > select ename as '姓名',deptno '部门编号',esal as '工资'
    - > from employees where deptno =2 order by '工资' desc;
+------+---------+------+
```

```
|姓名 |部门编号 |  工资 |
+------+---------+------+
|张松 |       2 | 8000 |
|孙威 |       2 | 4000 |
|王东 |       2 | 2900 |
+------+---------+------+
3 rows in set (0.02 sec)
```

实训：

① 查询所有部门信息，按照部门地址降序排序。

② 查询所有员工的员工编号、员工姓名、员工工资、部门编号，要求每个字段都有别名，对查询结果按照部门编号升序，员工工资降序。排序要求使用别名和字段的顺序号。

9. 分组查询

分组查询是对数据按照某个或多个字段、表达式、列编号进行分组，MySQL 中使用 group by 关键字对数据进行分组。

基本语法格式为：

```
[group by {字段名|表达式|列编号} [asc|desc],…[with rollup]]
[ having <分组条件表达式> ]
```

“字段名| 表达式| 列编号”为进行分组时所依据的信息；“having <分组条件表达式>”指定满足分组条件表达式结果的信息将被显示。

（1）创建分组

group by 从句根据所给的字段名返回分组的查询结果，可用于查询具有相同值的字段。如下代码所示：

```
mysql > select * from employees group by deptno;
+----+------+---------+-------+----+-----+------+------+
|eno  |ename |ehiredate   |ejob   |emgr |esal |ebonus |deptno |
+----+------+---------+-------+----+-----+------+------+
|1    |栾凯   |2010-01-01|NULL    |NULL |1500 |NULL   |NULL   |
|1001 |郑莹   |1999-01-01|销售部长|5001 |10000|1500   |1      |
|2001 |张松   |1998-10-03|财务部长|5001 |8000 |1000   |2      |
|3001 |ab胡歌 |1999-06-01|开发部长|5001 |12000|3000   |3      |
|4001 |李丽   |1999-01-01|人事部长|5001 |8000 |1000   |4      |
|5001 |姜红   |1998-01-01|董事长  |NULL |20000|NULL   |5      |
+----+------+---------+-------+----+-----+------+------+
6 rows in set (0.02 sec)
```

由以上结果可以看出，查询显示结果时，被分组的字段如果有重复的值，只返回靠前的记录，并且返回的记录集是排序的。这并不是一个很好的结果。仅仅使用 group by 从句并没有什么意义，该从句的真正作用在于与各种聚合函数配合，用于行的相关计算。

group by 关键字通常和聚合函数一起使用，如 max( )、min( )、count( )、sum( )、avg( )。例如，要返回每个部门的总人数，这时就要在分组过程中用到 count( ) 函数，把数据分为多个逻辑组，并对每个组进行集合计算。

【例 4.38】查询 employees 表中每个部门的总人数。

SQL 语句及执行效果如下：

```
mysql > select deptno,count( * ) '人数' from employees group by deptno;
+--------+------+
|deptno |人数 |
+--------+------+
|  NULL |   2 |
|     1 |   5 |
|     2 |   3 |
|     3 |   5 |
|     4 |   4 |
|     5 |   1 |
+--------+------+
6 rows in set (0.02 sec)
```

查询结果显示，deptno 表示部门编号，“人数”字段使用 count( ) 函数计算得出，group by 子句 deptno 升序排序并对数据分组，可以看到 deptno 为 1、3 的部门分别有 5 个人，deptno 为 null、2、4、5 的部门分别有 2、3、4、1 个人。

如果要查看每个部门所有人的姓名，该怎么办呢？MySQL 中可以使用 group_concat( ) 函数，将每个分组中各个字段的值显示出来。

【例 4.39】查询 employees 表中每个部门的总人数，将每个部门所有人的姓名显示出来。

SQL 语句及执行效果如下：

```
mysql > select deptno,group_concat(ename) as '部门员工姓名'
from employees group by deptno desc;
+--------+----------------------------+
|deptno |部门员工姓名                  |
+--------+----------------------------+
|     5 |姜红                         |
|     4 |马萍,吴坤,rose,李丽            |
|     3 |杨洋,鹿晗,陈赫,邓超,ab 胡歌     |
|     2 |王东,孙威,张松                 |
|     1 |杨幂,smith,赵思,梁睿,郑莹       |
|  NULL |程程,栾凯                     |
+--------+----------------------------+
6 rows in set (0.02 sec)
```

由结果可以看到，group_concat( ) 函数将每个分组中的姓名显示出来了，其姓名的个数与 count( ) 函数计算出来的相同。因为在 select 语句末尾加了 desc，所以查询结果按照 deptno 降序排列。根据语法格式可以看到，group by 后面还可以加表达式、列编号。

【例 4.40】查询 employees 表中每个部门的平均工资、奖金总和，部门编号 deptno 要求乘以 2 显示。

SQL 语句及执行效果如下：

```
mysql > select deptno * 2 as '部门编号 * 2 ',avg(esal) '平均工资',sum(ebonus) '奖金和'
    - > from employees group by deptno * 2;
+------------+-----------+--------+
|部门编号 *2 |    平均工资 |奖金和  |
+------------+-----------+--------+
|       NULL | 1500.0000 | NULL |
|          2 | 4200.0000 | 8500 |
|          4 | 4966.6667 | 1000 |
|          6 | 7100.0000 | 8000 |
|          8 | 4625.0000 | 1000 |
|         10 |20000.0000 | NULL |
+------------+-----------+--------+
6 rows in set (0.02 sec)
```

例 4.40 中 group by 后面用部门编号 deptno * 2 作为分组。另外，例 4.40 中分组子句也可以写成 group by 1，此处的“1”为列编号。

（2）使用 having 过滤分组

使用 group by 对表中的数据分组后，可以通过 having 子句对分组后的数据（最大值、最小值、计数、平均值、和）进行条件筛选。

【例 4.41】查询 employees 表中各部门平均工资低于 4 500 的部门编号。

SQL 语句及执行效果如下：

```
mysql > select deptno,avg(esal) from employees
    - > group by deptno having avg(esal) <4500;
+--------+-----------+
|deptno  |avg(esal)  |
+--------+-----------+
|   NULL |1500.0000  |
|      1 |4200.0000  |
+--------+-----------+
2 rows in set (0.02 sec)
```

例 4.41 中可以为 avg（esal）列起别名，但如果别名用在 having 的后面，得到的查询结果是不合理的，如下所示：

```
mysql > select deptno,avg(esal) as 'cc' from employees group by
        deptno having 'cc' <4500;
+--------+------------+
|deptno |    cc      |
+--------+------------+
|   NULL |  1500.0000 |
|      1 |  4100.0000 |
|      2 |  5000.0000 |
|      3 |  7100.0000 |
|      4 |  4625.0000 |
|      5 | 20000.0000 |
+--------+------------+
6 rows in set (0.02 sec)
```

通过以上例子，可以看出聚合函数列，可以起别名，但别名不能用于 having 子句。

提示:having 关键字与 where 关键字都是用来过滤数据的,两者有什么区别呢？其中重要的一点是,having 在数据分组之后进行过滤来选择分组,而 where 在分组之前用来选择记录。另外 where 排除的记录不再包括在分组中。

（3）在 group by 子句中使用 with rollup

使用 with rollup 关键字之后，在所有查询出的分组记录之后增加一条记录，该记录计算查询出的所有记录的总和，即统计记录数量。

【例 4.42】查询 employees 表中每个部门的总人数，并显示记录数量。

SQL 语句及执行效果如下：

```
mysql > select deptno,count(eno) from employees
    - > group by deptno with rollup;
+--------+------------+
|deptno  |count(eno) |
+--------+------------+
|   NULL |          2 |
|      1 |          5 |
|      2 |          3 |
|      3 |          5 |
|      4 |          4 |
|      5 |          1 |
|   NULL |         20 |
+--------+------------+
7 rows in set (0.02 sec)
```

由结果可以看到，通过 group by 分组之后，在显示结果的最后面新添加了一行，该行

count（eno）列的值正好是上面所有数值之和。

（4）多字段分组

使用 group by 可以对多个字段进行分组，group by 关键字后面跟需要分组的字段，MySQL 根据多字段的值进行层次分组。分组层次从左到右，即先按第 1 个字段分组，然后在第 1 个字段值相同的记录中，再根据第 2 个字段的值进行分组……依此类推。

【例 4.43】根据部门编号 deptno 和员工职位 ejob 对 employees 表中的数据进行分组。

SQL 语句及执行效果如下：

```
mysql > select * from employees group by deptno,ejob;
+----+------+---------+-------+----+-----+------+-------+
|eno |ename |ehiredate   |ejob    |emgr |esal |ebonus |deptno |
+----+------+---------+-------+----+-----+------+-------+
|1    |栾凯   |2010-01-01|NULL    |NULL |1500 |NULL    |NULL    |
|1003|赵思   |1999-07-07|销售员   |1002 |1500 |2000    |1       |
|1001|郑莹   |1999-01-01|销售部长|5001 |10000|1500    |1       |
|1002|梁睿   |1999-07-07|经理     |1001 |6000 |1000    |1       |
|2001|张松   |1998-10-03|财务部长|5001 |8000 |1000    |2       |
|2003|王东   |1998-10-20|出纳     |2001 |2900 |NULL    |2       |
|2002|孙威   |1998-10-20|会计     |2001 |4000 |NULL    |2       |
|3002|邓超   |1999-12-06|项目经理|3001 |7000 |1000    |3       |
|3003|陈赫   |2000-01-01|程序员   |3001 |6000 |1000    |3       |
|3001|ab胡歌|1999-06-01|开发部长|5001 |12000|3000    |3       |
|4001|李丽   |1999-01-01|人事部长|5001 |8000 |1000    |4       |
|4002|rose  |1999-02-10|办事员   |4001 |4000 |NULL    |4       |
|5001|姜红   |1998-01-01|董事长   |NULL |20000|NULL    |5       |
+----+------+---------+-------+----+-----+------+-------+
13 rows in set (0.03 sec)
```

由结果可以看到，查询记录先按照 deptno 字段进行分组，再对 ejob 字段按不同的取值进行分组。

（5）group by 和 order by 一起使用

某些情况下需要对分组进行排序，在前面的介绍中，order by 用来对查询的记录排序，如果和 group by 一起使用，可以完成对分组之后的数据进行排序。

【例 4.44】查询 employees 表中每个部门平均工资大于 4 500 的部门编号 deptno 和其平均工资。

SQL 语句及执行效果如下：

```
mysql > select deptno,avg(esal) '平均工资' from employees
    - > group by deptno having avg(esal) >4500;
+--------+-----------+
|deptno |平均工资 |
```

```
+--------+------------+
|2 |4966.6667  |
|3 |7100.0000  |
|4 |4625.0000  |
|5 |20000.0000 |
+--------+------------+
4 rows in set (0.00 sec)
```

可以看到，返回的结果中“平均工资”列的值并没有按照一定顺序显示。接下来使用order by关键字按“平均工资”排序显示结果。

SQL语句及执行效果如下：

```
mysql > select deptno,avg(esal) from employees
 - > group by deptno having avg(esal) >4500 order by 2;
+--------+------------+
|deptno |  avg(esal) |
+--------+------------+
|      4 |  4625.0000 |
|      2 |  4966.6667 |
|      3 |  7100.0000 |
|      5 | 20000.0000 |
+--------+------------+
4 rows in set (0.00 sec)
```

由结果可以看到，group by子句按deptno字段对数据进行分组，avg()函数便可以返回每个部门的平均工资，having子句对分组数据进行过滤，使得只返回平均工资大于4 500的部门编号及平均工资，最后使用order by子句排序输出。

提示：当使用rollup时，不能同时使用order by子句进行结果排序。即rollup和order by是互相排斥的。

实训：

① 查询每个部门的最低工资、最高工资、平均工资。

② 统计部门员工的平均工资高于2 000的员工平均工资。

③ 列出各种类别工作的最低工资，并按最低工资降序排列。

④ 查询employees表中各部门最低工资小于2 000的部门编号deptno和其最低工资。

10. 使用limit限制查询结果的数量

select返回所有匹配的行，有可能是表中所有的行，如仅仅需要返回第一行或者前几行，使用limit关键字，基本语法格式如下：

```
[ limit {[偏移量,] 行数 |行数 offset 偏移量}]
```

“偏移量”参数指示MySQL从哪一行开始显示，是一个可选参数。如果不指定“偏移量”，将会从表中的第一条记录开始（第一条记录的偏移量是0，第二条记录的偏移量是1……依此类推)；“行数”参数指示返回的记录条数。

【例4.45】显示 employees 表中所有记录的前3行。

SQL 语句及执行效果如下：

```
mysql > select * from employees limit 3;
+---+----+--------+-------+---+----+-----+-----+
|eno |ename |ehiredate   |ejob    |emgr |esal |ebonus |deptno |
+---+----+--------+-------+---+----+-----+-----+
|1    |栾凯    |2010 -01 -01|NULL     |NULL |1500 |NULL     |NULL    |
|2    |程程    |2010 -01 -01|NULL     |NULL |1500 |NULL     |NULL    |
|1001|郑莹    |1999 -01 -01|销售部长|5001 |10000|1500     |1       |
+---+----+--------+-------+---+----+-----+-----+
3 rows in set (0.00 sec)
```

由结果可以看到，该语句没有指定返回记录的“偏移量”参数，显示结果从第一行开始，“行数”参数为3，因此返回的结果为 employees 表中的前3行记录。

如果指定返回记录的开始位置，则返回结果为从“偏移量”参数开始的指定行数，“行数”参数指定返回的记录条数。

因此例4.45的代码也可以用以下两条语句代替：

```
select * from employees limit 0,3;
select * from employees limit 3 offset 0;
```

所以，带一个参数的 limit 指定从查询结果的首行开始，唯一的参数表示返回的行数，即“limit n”与“limit 0,n”等价。带两个参数的 limit 可以返回从任何一个位置开始的指定的行数。返回第一行时，位置偏移量是0。因此，“limit 1,1”将返回第二行，而不是第一行。

提示：MySQL 5.5 中可以使用“limit 4 offset 3”，意思是获取从第5条记录开始后面的3条记录，和“limit 4,3”返回的结果相同。

实训：

显示工资表 salary 表中所有记录的第4～8行。

4.2.4　使用聚合函数查询

有时候并不需要返回实际表中的数据，而只是对数据进行总结。MySQL 提供一些查询功能，可以对获取的数据进行分析和报告。这些函数的功能有：计算数据表中记录行数的总数；计算某个字段列下数据的总和；计算表中某个字段列的最大值、最小值或者平均值。

关于聚合函数在“4.2.2 常用函数（单行函数和聚合函数)”中已经简要介绍过，本节主要研究如何使用聚合函数查询。

常用的聚合函数有：计数 count()、求平均值 avg()、求最大值 max()、求最小值 min()、求和 sum()。

1. count( ) 函数

count( ) 函数统计数据表中包含的记录行的总数，或者根据查询结果返回字段中包含的数据行数。其使用方法有两种：

count(*) 计算表中总的行数，不管某字段有数值或者为空值。

count(字段名) 计算指定字段列总的行数，计算时将忽略空值的行。

【例 4.46】查询 employees 表中总的行数。

SQL 语句及执行效果如下：

```
mysql > select count( * ) as zongShu from employees;
+----------+
|zongShu |
+----------+
|      20 |
+----------+
1 rows in set (0.02 sec)
```

由查询结果可以看到，count(*) 返回 employees 表中记录的总行数，不管其值是什么。返回的总数的名称为“zongShu”。

【例 4.47】查询 employees 表中有奖金的员工数量。

SQL 语句及执行效果如下：

```
mysql > select count(ebonus) as zongShu from employees;
+----------+
|zongShu |
+----------+
|12 |
+----------+
1 rows in set (0.02 sec)
```

由查询结果可以看到，employees 表中 20 个员工中只有 12 个员工有奖金，员工奖金 ebonus 为空值 null 的记录没有被 count(字段名) 函数计算。

提示：两个例子中不同的数值，说明了两种方式在计算总数的时候对待 null 值的方式不同。即指定字段的值为空 null 的行被 count(指定字段)函数忽略，但是如果不指定字段，而在 count()函数中使用“ * ”，则所有记录都不忽略。

例 4.38 中介绍了 count( ) 函数与 group by 关键字一起使用，用来计算不同分组中的记录总数。

2. sum( ) 函数

sum( ) 是一个求总和的函数，返回指定字段值的总和。

【例 4.48】在 employees 表中查询所有员工的总工资。

SQL 语句及执行效果如下：

```
mysql > select sum(esal) '总工资' from employees;
+---------+
|总工资   |
+---------+
|112900 |
+---------+
1 rows in set (0.02 sec)
```

由查询结果可以看到，sum(esal) 函数返回所有员工工资之和。

sum( ) 可以与 group by 一起使用，用来计算每个分组的总和。

【例 4.49】在 employees 表中查询每个部门的员工工资之和。

SQL 语句及执行效果如下：

```
mysql > select deptno, sum(esal) '总工资' from employees group by
        deptno;
+--------+--------+
|deptno |总工资 |
+--------+--------+
|   NULL |  3000 |
|      1 |21000 |
|      2 |14900 |
|      3 |35500 |
|      4 |18500 |
|      5 |20000 |
+--------+--------+
6 rows in set (0.02 sec)
```

由查询结果可以看到，group by 按照部门编号 deptno 进行分组，sum( ) 函数计算每个分组中员工工资之和。

提示：sum()函数在计算时，忽略字段值为 null 的行。

3. avg( ) 函数

avg( ) 函数通过计算返回的行数和每一行数据的和，求得指定列数据的平均值。

【例 4.50】在 employees 表中，查询部门编号 deptno = 3 的员工平均工资。

SQL 语句及执行效果如下：

```
mysql >select deptno,avg(esal) '平均工资' from employees where deptno =3;
+--------+-----------+
|deptno |   平均工资 |
+--------+-----------+
|      3 |7100.0000 |
+--------+-----------+
1 rows in set (0.02 sec)
```

例 4.50 中，查询语句增加了一个 where 子句，并且添加了查询过滤条件，只查询 deptno = 3 的记录中的 esal。因此，通过 avg( ) 函数计算的结果只是指定部门编号中员工的平均工资，而不是所有员工的平均工资。

avg( ) 可以与 group by 一起使用，用来计算每个分组的平均值。

【例 4.51】在 employees 表中，查询每个部门的员工平均工资。

SQL 语句及执行效果如下：

```
mysql > select deptno,avg(esal) '平均工资' from employees group by deptno;
+--------+------------+
|deptno |   平均工资 |
+--------+------------+
|   NULL | 1500.0000 |
|      1 | 4200.0000 |
|      2 | 4966.6667 |
|      3 | 7100.0000 |
|      4 | 4625.0000 |
|      5 |20000.0000 |
+--------+------------+
6 rows in set (0.02 sec)
```

group by 关键字根据 deptno 字段对记录进行分组，然后计算出每个分组的平均值，这种分组求平均值的方法非常有用，例如：求不同班级学生成绩的平均值，求不同部门工人的平均工资，求各地的年平均气温等。

提示:使用 avg()函数时,其参数为要计算的字段名称,如果要得到多个字段的多个平均值,则需要在每一字段上使用 avg()函数。

4. max( ) 函数

max( ) 返回指定字段中的最大值。

【例 4.52】在 employees 表中查询最高奖金数额。

SQL 语句及执行效果如下：

```
mysql > select max(ebonus) '最高奖金' from employees;
+----------+
|最高奖金 |
+----------+
|3000     |
+----------+
1 rows in set (0.02 sec)
```

由结果可以看到，max( ) 函数查询出了 ebonus 字段的最大值 3 000。

max( ) 也可以和 group by 关键字一起使用，求每个分组中的最大值。

【例4.53】在employees表中查询每个部门的最高奖金。

SQL语句及执行效果如下：

```
mysql > select deptno, max(ebonus) '最高奖金' from employees group by
        deptno;
+--------+----------+
|deptno  |最高奖金  |
+--------+----------+
|  NULL  |   NULL   |
|      1 |   2000   |
|      2 |   1000   |
|      3 |   3000   |
|      4 |   1000   |
|      5 |   NULL   |
+--------+----------+
6 rows in set (0.02 sec)
```

由结果可以看到，group by关键字根据deptno字段对记录进行分组，然后计算出每个分组中的最大值。

max()函数不仅适用于查找数值类型，也可应用于字符类型。

【例4.54】在employees表中查询员工姓名ename的最大值。

SQL语句及执行效果如下：

```
mysql > select max(ename),max(ehiredate),max(esal) from employees;
+-----------+---------------+-----------+
|max(ename) |max(ehiredate) |max(esal)  |
+-----------+---------------+-----------+
|邓超       |2010-01-01     |20000      |
+-----------+---------------+-----------+
1 rows in set (0.02 sec)
```

由结果可以看到，max()函数可以对字母进行大小判断，并返回最大的字符或者字符串。

提示：max()函数除了用来找出最大的列值或日期值之外，还可以返回任意列中的最大值，包括返回字符类型的最大值。在对字符类型数据进行比较时，按照字符的ASCII码值大小进行比较，从a～z，a的ASCII码最小，z的最大。在比较时，先比较第一个字符，如果相等，继续比较下一个字符，一直到两个字符不相等或者字符结束为止。例如：'b'与't'比较时，'t'为最大值；"bcd"与"bca"比较时，"bcd"为最大值。

5. min()　函数

min()返回查询字段中的最小值。其用法与max()相同，在此不详细介绍。

实训：

① 统计各部门领导（部长）的最高工资。

② 查询所有办事员的总人数、最高工资、最低工资、工资总和、平均工资。

4.2.5 连接查询

连接是关系数据库模型的主要特点。连接查询是关系数据库中最主要的查询，主要包括内连接、外连接等。通过连接运算符可以实现多个表查询。在关系数据库管理系统中，表建立时各数据之间的关系不必确定，常把一个实体的所有信息存放在一个表中。当查询数据时，通过连接操作查询出存放在多个表中的不同实体的信息。当两个或多个表中存在相同意义的字段时，便可以通过这些字段对不同的表进行连接查询。本节将介绍多表之间的内连接查询、外连接查询及复合条件连接查询。

1. 内连接查询

内连接（inner join）使用比较运算符进行表间某（些）列数据的比较操作，并列出这些表中与连接条件相匹配的数据行，组合成新的记录，也就是说，在内连接查询中，只有满足条件的记录才能在结果关系中显示。

【例 4.55】在 employees 表和 departments 表之间使用内连接查询。

查询之前，查看两个表的结构：

```
mysql > desc employees;
+---------+-------------+----+---+-------+-----+
|Field    |Type         |Null |Key |Default |Extra |
+---------+-------------+----+---+-------+-----+
|eno      |int(11)      |NO   |PRI |NULL    |      |
|ename    |varchar(20)  |YES  |    |NULL    |      |
|ehiredate|date         |YES  |    |NULL    |      |
|ejob     |varchar(16)  |YES  |    |NULL    |      |
|emgr     |int(11)      |YES  |    |NULL    |      |
|esal     |decimal(10,0)|YES  |    |NULL    |      |
|ebonus   |decimal(10,0)|YES  |    |NULL    |      |
|deptno   |int(11)      |YES  |MUL |NULL    |      |
+---------+-------------+----+---+-------+-----+
8 rows in set (0.04 sec)
mysql > desc departments;
+---------+-------------+----+---+-------+-----+
|Field    |Type         |Null |Key |Default |Extra |
+---------+-------------+----+---+-------+-----+
|dno      |int(11)      |NO   |PRI |NULL    |      |
|dname    |varchar(30)  |YES  |UNI |NULL    |      |
|dloc     |varchar(50)  |YES  |    |NULL    |      |
+---------+-------------+----+---+-------+-----+
3 rows in set (0.04 sec)
```

由结果可以看到，employees 表和 departments 表中都有相同数据类型相同含义的字段 deptno 和 dno，两个表通过 deptno、dno 字段建立联系。接下来从 employees 表中查询 ename、esal 字段，从 departments 表中查询 dname。

SQL 语句及执行效果如下：

```
mysql > select ename,esal,dname from employees,departments
    - > where deptno = dno;
+---------+-------+---------+
| ename | esal  | dname |
+---------+-------+---------+
| 李丽   | 8000  | 人事部 |
| 王宝强 | 4000  | 人事部 |
| 吴坤   | 3500  | 人事部 |
| 马萍   | 3000  | 人事部 |
| 郑莹   | 10000 | 销售部 |
| 梁睿   | 6000  | 销售部 |
| 赵思   | 1500  | 销售部 |
| 马云   | 2000  | 销售部 |
| 杨幂   | 1500  | 销售部 |
| 张松   | 8000  | 财务部 |
| 孙威   | 4000  | 财务部 |
| 王东   | 2900  | 财务部 |
| 姜红   | 20000 | 董事会 |
| 胡歌   | 12000 | 开发部 |
| 邓超   | 7000  | 开发部 |
| 陈赫   | 6000  | 开发部 |
| 鹿晗   | 6500  | 开发部 |
| 杨洋   | 4000  | 开发部 |
+---------+-------+---------+
18 rows in set (0.00 sec)
```

在这里，select 语句与前面所介绍的最大的差别是：select 后面指定的字段分别属于两个不同的表，ename、esal 在表 employees 中，而 dname 在表 departments 中；同时，from 子句列出了两个表 employees 和 departments。where 子句在这里作为过滤条件，指明只有两个表中的 deptno、dno 字段值相等的时候才符合连接查询的条件。由返回的结果可以看到，显示的记录是由两个表中的不同字段值组成的新记录。

提示：因为 employees 表和 departments 表中有数据类型及含义相同的字段 deptno、dno。假如两个表中的关联字段名字相同，都为 dno，那么在比较的时候，需要完全限定表名（格式为：表名．字段名）。如果只给出 dno，MySQL 将不知道指的是哪一个，并返回错误信息。

下面的内连接查询语句返回与前面完全相同的结果。

【例 4.56】在 employees 表和 departments 表之间使用 inner join 语法进行内连接查询。

SQL 语句及执行效果如下：

```
mysql > select ename,esal,dname from employees inner join departments
    - > on employees.deptno = departments.dno;
+--------+-------+--------+
|ename  |esal   |dname  |
+--------+-------+--------+
|李丽    | 8000  |人事部  |
|王宝强  | 4000  |人事部  |
|吴坤    | 3500  |人事部  |
|马萍    | 3000  |人事部  |
|郑莹    |10000  |销售部  |
|梁睿    | 6000  |销售部  |
|赵思    | 1500  |销售部  |
|马云    | 2000  |销售部  |
|杨幂    | 1500  |销售部  |
|张松    | 8000  |财务部  |
|孙威    | 4000  |财务部  |
|王东    | 2900  |财务部  |
|姜红    |20000  |董事会  |
|胡歌    |12000  |开发部  |
|邓超    | 7000  |开发部  |
|陈赫    | 6000  |开发部  |
|鹿晗    | 6500  |开发部  |
|杨洋    | 4000  |开发部  |
+--------+-------+--------+
18 rows in set (0.00 sec)
```

在这里的查询语句中，两个表之间的关系通过 inner join 指定。使用这种语法的时候，连接的条件使用 on 子句给出，而不是 where。on 和 where 后面指定的条件相同。在 on 子句后面字段名前添加了表名，因为这两个表中的字段名不同，所以表名可以省略。

提示：使用 where 子句定义连接条件比较简单明了，而 inner join 语法是 ANSI SQL 的标准规范，使用 inner join 连接语法能够确保不会忘记两表连接条件，而且 where 子句在某些时候会影响查询的性能。

如果在一个连接查询中，涉及的两个表都是同一个表，这种查询称为自连接查询。自连接是一种特殊的内连接，它是指相互连接的表在物理上为同一张表，但可以在逻辑上分为两张表。

【例 4.57】查询出 employee 表中所有员工的姓名及其直接上级的姓名。

SQL语句及执行效果如下：

```
mysql > select e.ename '员工姓名',w.ename '上级姓名'
    - > from employees as e,employees as w
    - > where e.emgr =w.eno;
+----------+----------+
| 员工姓名 | 上级姓名 |
+----------+----------+
| 郑莹     | 姜红     |
| 梁睿     | 郑莹     |
| 赵思     | 梁睿     |
| 马云     | 梁睿     |
| 杨幂     | 梁睿     |
| 张松     | 姜红     |
| 孙威     | 张松     |
| 王东     | 张松     |
| 胡歌     | 姜红     |
| 邓超     | 胡歌     |
| 陈赫     | 胡歌     |
| 鹿晗     | 胡歌     |
| 杨洋     | 胡歌     |
| 李丽     | 姜红     |
| 王宝强   | 李丽     |
| 吴坤     | 李丽     |
| 马萍     | 李丽     |
+----------+----------+
17 rows in set (0.00 sec)
```

此处查询的两个表是同一张表，为了防止产生二义性，对表使用了别名（表的别名定义与字段的别名定义方法相同）。employees 表第一次出现代表员工信息时，其别名为“e”，第二次出现代表员工直接上级的相关信息时，其别名为“w”，使用select 语句返回字段时，明确指出返回以“e”和“w”为前缀的字段的全名。where 连接两个表，返回所需数据。

2. 外连接查询

连接查询将查询多个表中相关联的行，内连接时，返回查询结果集中仅是符合查询条件和连接条件的行。但有时候需要包含没有关联的行中数据，即返回查询结果集中不仅包含符合连接条件的行，而且还包括左表（左外连接或左连接）、右表（右外连接或右连接）或两个边接表（全外连接）中的所有数据行。外连接分为左外连接和右外连接。

- left join（左连接）：返回包括左表中的所有记录和右表中连接字段值相等的记录。
- right join（右连接）：返回包括右表中的所有记录和左表中连接字段值相等的记录。

（1）left join 左连接

左连接的结果包括 left outer join（outer 可以省略）子句中指定的左表的所有行，而不仅仅是连接字段所匹配的行。如果左表的某行在右表中没有匹配行，则在相关联的结果行中，右表的所有选择列表字段均为空值。

【例 4.58】在 employees 表和 departments 表中，查询部门名称及其员工的名字、职位、工资，包括没有员工的部门也要显示出来。

SQL 语句及执行效果如下：

```
mysql > select dname,ename,ejob,esal
    - > from departments left outer join employees
    - > on dno = deptno;
+--------+--------+----------+-------+
|dname |ename |ejob    | esal |
+--------+--------+----------+-------+
|人事部 |李丽   |人事部长 | 8000 |
|人事部 |王宝强 |办事员   | 4000 |
|人事部 |吴坤   |办事员   | 3500 |
|人事部 |马萍   |办事员   | 3000 |
|销售部 |郑莹   |销售部长 |10000 |
|销售部 |梁睿   |经理     | 6000 |
|销售部 |赵思   |销售员   | 1500 |
|销售部 |马云   |销售员   | 2000 |
|销售部 |杨幂   |销售员   | 1500 |
|财务部 |张松   |财务部长 | 8000 |
|财务部 |孙威   |会计     | 4000 |
|财务部 |王东   |出纳     | 2900 |
|董事会 |姜红   |董事长   |20000 |
|后勤部 |NULL   |NULL     | NULL |
|开发部 |胡歌   |开发部长 |12000 |
|开发部 |邓超   |项目经理 | 7000 |
|开发部 |陈赫   |程序员   | 6000 |
|开发部 |鹿晗   |程序员   | 6500 |
|开发部 |杨洋   |程序员   | 4000 |
+--------+--------+----------+-------+
19 rows in set (0.00 sec)
```

结果显示了 19 条记录，后勤部没有员工信息，所以只有部门名称显示出来了，员工的 ename、ejob、esal 都为 null。因此总结出左外连接中左表的数据全都显示，右表按照连接条件显示。

（2）right join 右连接

右连接的结果包括 right outer join（outer 可以省略）子句中指定的右表的所有行，而不仅仅是连接字段所匹配的行。如果右表的某行在左表中没有匹配行，则在相关联的结果行中左表的所有选择列表字段均为空值。

【例4.59】在 employees 表和 departments 表中，查询部门名称及其员工的名字、职位、工资，包括没有分配部门的员工也要显示出来。

SQL 语句及执行效果如下：

```
mysql > select dname,ename,ejob,esal
    - > from departments right outer join employees
    - > on dno = deptno;
+--------+--------+----------+-------+
| dname  | ename  | ejob     | esal  |
+--------+--------+----------+-------+
| NULL   | 栾凯   | NULL     | 1500  |
| NULL   | 程程   | NULL     | 1500  |
| 销售部 | 郑莹   | 销售部长 | 10000 |
| 销售部 | 梁睿   | 经理     | 6000  |
| 销售部 | 赵思   | 销售员   | 1500  |
| 销售部 | 马云   | 销售员   | 2000  |
| 销售部 | 杨幂   | 销售员   | 1500  |
| 财务部 | 张松   | 财务部长 | 8000  |
| 财务部 | 孙威   | 会计     | 4000  |
| 财务部 | 王东   | 出纳     | 2900  |
| 开发部 | 胡歌   | 开发部长 | 12000 |
| 开发部 | 邓超   | 项目经理 | 7000  |
| 开发部 | 陈赫   | 程序员   | 6000  |
| 开发部 | 鹿晗   | 程序员   | 6500  |
| 开发部 | 杨洋   | 程序员   | 4000  |
| 人事部 | 李丽   | 人事部长 | 8000  |
| 人事部 | 王宝强 | 办事员   | 4000  |
| 人事部 | 吴坤   | 办事员   | 3500  |
| 人事部 | 马萍   | 办事员   | 3000  |
| 董事会 | 姜红   | 董事长   | 20000 |
+--------+--------+----------+-------+
20 rows in set (0.00 sec)
```

结果显示了20条记录，栾凯、程程这两位员工还没有分配部门，所以他们的部门名称 dname 字段为 null。因此总结出右外连接中右表的数据全都显示，左表按照连接条件显示。

（3）笛卡尔积（交叉连接）

交叉连接返回左表中的所有行，左表中的每一行与右表中的所有行组合。交叉连接也称作笛卡尔积。在 MySQL 中，交叉连接可以使用 cross join 或者省略 cross 即 join，或者使用‘,’。

【例 4.60】查询 employees 和 departments 中 eno、ename、deptno、dno、dname 五个字段的两表交叉连接的结果。

SQL 语句及执行效果如下：

```
mysql > select eno,ename,deptno,dno,dname from employees cross
        join departments;
+------+--------+--------+-----+--------+
|eno   |ename   |deptno  |dno  |dname   |
+------+--------+--------+-----+--------+
|    1 |栾凯    |   NULL |   4 |人事部  |
|    1 |栾凯    |   NULL |   1 |销售部  |
|    1 |栾凯    |   NULL |   2 |财务部  |
|    1 |栾凯    |   NULL |   5 |董事会  |
|    1 |栾凯    |   NULL |   6 |后勤部  |
|    1 |栾凯    |   NULL |   3 |开发部  |
…
|5001 |姜红    |      5 |   4 |人事部  |
|5001 |姜红    |      5 |   1 |销售部  |
|5001 |姜红    |      5 |   2 |财务部  |
|5001 |姜红    |      5 |   5 |董事会  |
|5001 |姜红    |      5 |   6 |后勤部  |
|5001 |姜红    |      5 |   3 |开发部  |
+------+--------+--------+-----+--------+
120 rows in set (0.00 sec)
```

由结果可以看到，employees 中有 20 条记录，departments 表中有 6 条记录，这两个表交叉连接查询之后是 120 条记录。

例 4.60 的代码等同于“select eno，ename，deptno，dno，dname from employees join departments;”和“select eno，ename，deptno，dno，dname from employees ，departments;”这两段代码。

由于交叉连接返回的结果为被连接的两个数据表的乘积，因此，当有 where、on 或 using 条件的时候，一般不建议使用，因为当数据表项目太多的时候，会非常慢。一般使用 left [outer] join 或者 right [outer] join。

3. 复合条件连接查询

复合条件连接查询是在连接查询的过程中，通过添加过滤条件，限制查询的结果，使查询的结果更加准确。

【例 4.61】在 employees 表和 departments 表中，使用 inner join 语法查询 employees 表中 deptno 为 4 的员工的 eno、ename、ejob、dname。

SQL 语句及执行效果如下：

```
mysql > select eno,ename,ejob,dname
    - > from employees inner join departments
    - > on dno = deptno and deptno = 4;
+------+-------+--------+--------+
|eno   |ename  |ejob    |dname   |
+------+-------+--------+--------+
|4001  |李丽   |人事部长 |人事部  |
|4002  |王宝强 |办事员   |人事部  |
|4003  |吴坤   |办事员   |人事部  |
|4004  |马萍   |办事员   |人事部  |
+------+-------+--------+--------+
4 rows in set (0.00 sec)
```

结果显示，在连接查询时，指定查询部门编号 deptno 为 4 的员工信息。添加了过滤条件之后，返回的结果将会变少，因此返回结果只有 4 条记录。

【例 4.62】在 employees 表和 departments 表中，使用 inner join 语法进行内连接查询，显示部门名称为“销售部”的员工信息，并对查询结果按 eno 降序排序。

SQL 语句及执行效果如下：

```
mysql > select eno,ename,ejob,dname from employees inner join de-
        partments
    - > on dno = deptno and dname = '销售部' order by eno desc;
+------+-------+----------+--------+
|eno   |ename  |ejob      |dname   |
+------+-------+----------+--------+
|1005  |杨幂   |销售员     |销售部  |
|1004  |马云   |销售员     |销售部  |
|1003  |赵思   |销售员     |销售部  |
|1002  |梁睿   |经理       |销售部  |
|1001  |郑莹   |销售部长   |销售部  |
+------+-------+----------+--------+
5 rows in set (0.00 sec)
```

由结果可以看到，内连接查询的结果按照 eno 字段进行了降序排序。

实训：

① 查询雇用日期早于其直接上级的所有员工信息。

② 查询部门名称、地址及部门对应的员工姓名、职位、工资、奖金，同时列出那些没有部门的员工信息。

③ 查询在部门“财务部”工作的员工的姓名，假定不知道财务部的部门编号。

4.2.6 子查询

子查询指一个查询语句嵌套在另一个查询语句内部的查询，这个特性从 MySQL 4.1 开始引入。在 select 子句中，先计算子查询，子查询的结果作为外层另一个查询的过滤条件，查询可以基于一个表或者多个表。子查询中常用的操作符有 any（some）、all、in、exists。子查询可以添加到 select、update 和 delete 语句中，而且可以进行多层嵌套。子查询中也可以使用比较运算符，如"<""<="">"">="和"!=|<>"等。本节将介绍如何在 select 语句中嵌套子查询。

1. 带 any、some 关键字的子查询

any 和 some 关键字是同义词，表示满足其中任一条件，它们允许创建一个表达式对子查询的返回值列表进行比较，只要满足内层子查询中的任何一个比较条件，就返回一个结果作为外层查询的条件。

下面定义两个表 tab1 和 tab2：

```
create table tab1(n1 int not null);
create table tab2(n2 int not null);
```

分别向两个表中插入数据：

```
insert into tab1 values(1),(3),(5),(27);
insert into tab2 values(6),(4),(11),(20);
```

any 关键字跟在一个比较操作符的后面，表示若与子查询返回的任何值比较为 true，则返回 true。

【例 4.63】返回 tab2 表的所有 n2 字段，然后将 tab1 中的 n1 的值与之进行比较，只要大于 n2 的任何一个值，即为符合查询条件的结果。

SQL 语句及执行效果如下：

```
mysql > select n1 from tab1 where n1 >any(select n2 from tab2);
+-----+
|n1  |
+-----+
|5   |
|27  |
+-----+
2 rows in set (0.00 sec)
```

在子查询中，返回的是 tab2 表的所有 n2 字段的结果（6,4,11,20），然后将 tab1 中的 n1 字段的值与之进行比较，只要大于 n2 字段的任意一个数，即为符合条件的结果。

2. 带 all 关键字的子查询

all 关键字与 any 和 some 不同，使用 all 时，需要同时满足所有内层查询的条件。例如修改例 4.63，用 all 关键字替换 any。

all 关键字跟在一个比较操作符的后面，表示与子查询返回的所有值比较为 true，则返回

true。

【例4.64】返回tab1表中比tab2表n2字段所有值都大的值。

SQL语句及执行效果如下：

```
mysql > select n1 from tab1 where n1 >all(select n2 from tab2);
+----+
|n1  |
+----+
|27  |
+----+
1 rows in set (0.00 sec)
```

在子查询中，返回的是tab2的所有n2字段的结果（6,4,11,20），然后将tab1中的n1字段的值与之进行比较，大于所有n2字段值的n1值只有27，因此返回结果为27。

3. 带exists关键字的子查询

exists关键字后面的参数是一个任意的子查询，系统对子查询进行运算来判断它是否返回行，如果至少返回一行，那么exists的结果为true，此时外层的查询语句将进行查询；如果子查询没有返回任何行，那么exists返回的结果是false，此时外层语句不进行查询。

【例4.65】查询employees表中是否存在职位ejob等于‘程序员’的员工信息，如果存在，则查询departments表中的记录。

SQL语句及执行效果如下：

```
mysql > select * from departments
    - > where exists(select * from employees where ejob = '程序员');
+-----+--------+---------+
|dno  |dname   |dloc     |
+-----+--------+---------+
|   1 |销售部  |长春     |
|   2 |财务部  |沈阳     |
|   3 |开发部  |哈尔滨   |
|   4 |人事部  |北京     |
|   5 |董事会  |北京     |
|   6 |后勤部  |北京     |
+-----+--------+---------+
6 rows in set (0.00 sec)
```

由结果可以看到，内层查询结果表明employees表中存在ejob等于‘程序员’的记录，因此exists表达式返回true；外层查询语句接收true之后对表departments进行查询，返回该表所有的记录。

exists关键字可以和条件表达式一起使用。

【例4.66】查询departmentss表中是否存在部门名称dname等于‘财务部’的部门，如果存在，则查询employees表中的esal大于15 000的记录。

SQL 语句及执行效果如下：

```
mysql > select * from employees
    - > where esal >15000 and
    - > exists(select * from departments where dname = '财务部');
+----+-----+----------+-----+----+----+------+-------+
|eno  |ename |ehiredate   |ejob |emgr |esal |ebonus |deptno |
+----+-----+----------+-----+----+----+------+-------+
|5001 |姜红   |1998 -01 -01 |董事长|NULL |20000|   NULL |      5|
+----+-----+----------+-----+----+----+------+-------+
1 rows in set (0.00 sec)
```

由结果可以看到，内层查询结果表明 departments 表中存在 dname =‘财务部’的记录，因此 exists 表达式返回 true；外层查询语句接收 true 之后，根据查询条件 esal > 15 000 对 employees 表进行查询，返回结果为一条记录。

not exists 与 exists 使用方法相同，返回的结果相反。子查询如果至少返回一行，那么 not exists 的结果为 false，此时外层查询语句将不进行查询；如果子查询没有返回任何行，那么 not exists 返回的结果是 true，此时外层语句将进行查询。

【例 4. 67】查询 departmentss 表中是否存在部门名称 dname 等于‘财务部’的部门，如果不存在，则查询 employees 表中的记录。

SQL 语句及执行效果如下：

```
mysql > select * from employees
    - >where not exists(select * from departments where dname = '财务部');
Empty set (0.00 sec)
```

查询语句“select * from departments where dname = '财务部'”，对 departments 表进行查询，返回了一条记录，not exists 表达式返回 false，外层表达式接收 false，将不再查询 employees 表中的记录。

提示:exists 和 not exists 的结果只取决于是否会返回行,而不取决于这些行的内容,所以这个子查询输出列表通常是无关紧要的。

4. 带 in 关键字的子查询

in 关键字进行子查询时，内层查询语句仅仅返回一个数据字段，这个数据字段里的值将提供给外层查询语句进行比较操作。

【例 4. 68】查询 employees 表中某些员工的姓名、工资、奖金、部门编号，条件是他们的工资等于部门编号为 3 中任何一个员工的工资，但是不显示部门编号为 3 的员工信息。

SQL 语句及执行效果如下：

```
mysql > select ename,esal,ebonus,deptno from employees
    - > where esal in(select esal from employees where deptno =3) and
        deptno < >3;
+-------+------+--------+--------+
|ename  |esal  |ebonus  |deptno  |
```

```
+-------+------+--------+--------+
|梁睿  |6000 |1000 |1 |
|孙威  |4000 |NULL |2 |
|邵强  |4000 |NULL |4 |
+-------+------+--------+--------+
3 rows in set (0.00 sec)
```

查询语句"select esal from employees where deptno = 3"返回部门编号为3的员工的工资，单独执行内查询，查询结果如下：

```
mysql > select esal from employees where deptno =3;
+-------+
|esal  |
+-------+
|12000 |
| 7000 |
| 6000 |
| 6500 |
| 4000 |
+-------+
5 rows in set (0.00 sec)
```

可以看到，部门编号为3的员工工资有12 000、7 000、6 000、6 500、4 000，然后执行外层查询。在employees表中，查询员工工资与部门编号为3的员工工资相等的只有6 000或4 000。所以嵌套子查询语句还可以写成如下形式，实现相同的效果：

```
mysql > select ename,esal,ebonus,deptno from employees
 - > where esal in(6000,4000);
+-------+------+--------+--------+
|ename |esal |ebonus |deptno |
+-------+------+--------+--------+
|  梁睿 |6000 |  1000 |     1 |
|  孙威 |4000 |  NULL |     2 |
|  陈赫 |6000 |  1000 |     3 |
|  杨洋 |4000 |  1000 |     3 |
|  邵强 |4000 |  NULL |     4 |
+-------+------+--------+--------+
5 rows in set (0.00 sec)
```

由上面查询可以看到，结果中有deptno为3中的员工信息，但例4.68要求不显示部门编号为3的员工信息，所以例4.68在查询的末尾要加"deptno < >3"这个条件语句。

这个例子说明在处理select语句的时候，MySQL实际上执行了两个操作过程，即先执行内层子查询，再执行外层查询，内层子查询的结果作为外部查询的比较条件。

select 语句中可以使用 not in 关键字，其作用与 in 正好相反。

【例 4.69】查询 employees 表中，员工工资与部门编号为 1，2，3 中的员工工资不等的员工信息。

SQL 语句及执行效果如下：

```
mysql > select * from employees
where esal not in(select distinct esal from employees where deptno in(1,2,3));
+----+-----+----------+------+----+-----+-----+-------+
|eno  |ename |ehiredate   |ejob |emgr |esal |ebonus |deptno |
+----+-----+----------+------+----+-----+-----+-------+
|4003 |吴坤   |2007-10-01 |办事员|4001 |3500 |   NULL |      4 |
|5001 |姜红   |1998-01-01 |董事长|NULL |20000|   NULL |      5 |
+----+-----+----------+------+----+-----+-----+-------+
2 rows in set (0.00 sec)
```

这里返回的结果有 2 条记录，由前面可以看到，子查询查询出部门编号为 1，2，3 的员工工资，并且使用 distinct 关键字去掉重复行，单独执行子查询查询结果如下：

```
mysql > select distinct esal from employees where deptno in(1,2,3);
+--------+
|esal   |
+--------+
|10000 |
| 6000 |
| 1500 |
| 8000 |
| 4000 |
| 3000 |
|12000 |
| 7000 |
| 6500 |
+--------+
9 rows in set (0.00 sec)
```

可以看到例 4.69 查询结果中 esal 字段的值不在其子查询范围内，满足题目要求。

提示：子查询的功能也可以通过连接查询完成，但是子查询使得 MySQL 代码更容易阅读和编写。

5. 带比较运算符的子查询

在前面介绍带 any、all 关键字的子查询时，使用了“ > ”比较运算符，子查询时还可以使用其他的比较运算符，如“<”“<=”“>”“>=”“=”“!=”等。

【例4.70】查询employees表中部门名称为“人事部”的员工信息。

SQL语句及执行效果如下：

```
mysql > select * from employees
    - > where deptno =(select dno from departments where dname ='人事部');
+----+-----+----------+--------+----+----+------+-------+
|eno  |ename |ehiredate    |ejob    |emgr |esal |ebonus |deptno |
+----+-----+----------+--------+----+----+------+-------+
|4001 |李丽   |1999 -01 -01|人事部长|5001 |8000 |1000   |      4 |
|4002 |邵强   |1999 -02 -10|办事员  |4001 |4000 |NULL   |      4 |
|4003 |吴坤   |2007 -10 -01|办事员  |4001 |3500 |NULL   |      4 |
|4004 |马萍   |2009 -05 -17|办事员  |4001 |3000 |NULL   |      4 |
+----+-----+----------+--------+----+----+------+-------+
4 rows in set (0.00 sec)
```

该嵌套查询首先在departments表中查找dname等于“人事部”的部门编号dno，单独执行子查询查看dno的值，执行下面的操作过程：

```
mysql > select dno from departments where dname ='人事部';
+------+
|dno |
+------+
|4  |
+------+
1 rows in set (0.00 sec)
```

然后在外层查询时，在employees表中查找deptno为4的员工信息，结果表明，deptno为4的员工一共有四名，分明为“李丽”“邵强”“吴坤”“马萍”。

【例4.71】查询employees表中部门名称不是“人事部”的员工信息。

SQL语句及执行效果如下：

```
mysql > select * from employees
    - >where deptno < >(select dno from departments where dname ='人事部');
+---+----+---------+-------+---+----+-----+------+
|eno  |ename |ehiredate    |ejob    |emgr  |esal |ebonus |deptno |
+---+----+---------+-------+---+----+-----+------+
|1001 |郑莹  |1999 -01 -01 |销售部长 |5001 |10000|  1500 |      1 |
|1002 |梁睿  |1999 -07 -07 |经理     |1001 | 6000|  1000 |      1 |
|1003 |赵思  |1999 -07 -07 |销售员   |1002 | 1500|  2000 |      1 |
|1004 |高文  |2000 -01 -01 |销售员   |1002 | 1500|  2000 |      1 |
|1005 |杨幂  |2005 -01 -01 |销售员   |1002 | 1500|  2000 |      1 |
```

```
|2001 |张松 |1998-10-03 |财务部长|5001 | 8000 |1000 |2 |
|2002 |孙威 |1998-10-20 |会计    |2001 | 4000 |NULL |2 |
|2003 |王东 |1998-10-20 |出纳    |2001 | 3000 |NULL |2 |
|3001 |胡歌 |1999-06-01 |开发部长|5001 |12000 |3000 |3 |
|3002 |邓超 |1999-12-06 |项目经理|3001 | 7000 |1000 |3 |
|3003 |陈赫 |2000-01-01 |程序员  |3001 | 6000 |1000 |3 |
|3004 |鹿晗 |2000-01-01 |程序员  |3001 | 6500 |2000 |3 |
|3005 |杨洋 |2003-09-01 |程序员  |3001 | 4000 |1000 |3 |
|5001 |姜红 |1998-01-01 |董事长  |NULL |20000 |NULL |5 |
+---+----+---------+-------+---+----+-----+-----+
14 rows in set (0.00 sec)
```

该嵌套查询执行过程与前面相同，在这里使用了不等于“ <> ”运算符，因此返回的结果和前面正好相反。

实训：

① 查询至少有一个员工的所有部门。(提示：部门编号在员工表中存在)

② 查询工资高于公司平均工资的所有员工。

③ 查询所有比部门编号为 3 的员工工资高的员工信息。

④ 找出员工中，比部门编号为 1 的员工中任何一个员工的工资高的员工的姓名和工资。(提示：只要比部门编号为 1 的员工中的那个工资最少的员工的工资高就可以)

⑤ 查询与“杨幂”从事相同工作的所有员工。

4.2.7 合并查询结果

利用 union 关键字，可以给出多条 select 语句，并将它们的结果组合成单个结果集。合并时，两个表对应的列数和数据类型必须相同。各个 select 语句之间使用 union 或 union all 关键字分隔。union 不使用关键字 all，执行的时候删除重复的记录，所有返回的行都是唯一的；使用关键字 all 的作用是不删除重复行，也不对结果进行自动排序。基本语法格式如下：

```
select 字段名列表…from 表 1
union [all]
select 字段名列表…from 表 2
```

【例 4.72】查询所有工资大于 10 000 的员工的信息，查询 deptno 等于 1 和 5 的所有员工的信息，使用 union 连接查询结果。

SQL 语句及执行效果如下：

```
mysql > select * from employees where esal >10000
 - > union
 - > select * from employees where deptno in(1,5);
+---+----+---------+-------+---+----+-----+-----+
|eno |ename |ehiredate |ejob |emgr |esal |ebonus |deptno |
```

```
+---+----+---------+-------+---+----+-----+-----+
|3001 |胡歌 |1999-06-01 |开发部长 |5001 |12000 |3000 |3 |
|5001 |姜红 |1998-01-01 |董事长   |NULL |20000 |NULL |5 |
|1001 |郑莹 |1999-01-01 |销售部长 |5001 |10000 |1500 |1 |
|1002 |梁睿 |1999-07-07 |经理     |1001 | 6000 |1000 |1 |
|1003 |赵思 |1999-07-07 |销售员   |1002 | 1500 |2000 |1 |
|1004 |高文 |2000-01-01 |销售员   |1002 | 1500 |2000 |1 |
|1005 |杨幂 |2005-01-01 |销售员   |1002 | 1500 |2000 |1 |
+---+----+---------+-------+---+----+-----+-----+
7 rows in set (0.02 sec)
```

如前所述，union 将多个 select 语句的结果组合成一个结果集合。可以分开查看每个 select 语句的结果：

```
mysql > select * from employees where esal >10000;
+---+----+---------+-------+---+----+-----+-----+
|eno  |ename |ehiredate   |ejob    |emgr |esal |ebonus |deptno|
+---+----+---------+-------+---+----+-----+-----+
|3001 |胡歌  |1999-06-01|开发部长|5001 |12000|3000    |     3 |
|5001 |姜红  |1998-01-01|董事长  |NULL |20000|NULL    |     5 |
+---+----+---------+-------+---+----+-----+-----+
2 rows in set (0.00 sec)
mysql > select * from employees where deptno in(1,5);
+---+----+---------+-------+---+----+-----+-----+
|eno  |ename |ehiredate   |ejob    |emgr |esal |ebonus |deptno|
+---+----+---------+-------+---+----+-----+-----+
|1001 |郑莹  |1999-01-01|销售部长|5001 |10000|1500    |     1 |
|1002 |梁睿  |1999-07-07|经理    |1001 |6000 |1000    |     1 |
|1003 |赵思  |1999-07-07|销售员  |1002 |1500 |2000    |     1 |
|1004 |高文  |2000-01-01|销售员  |1002 |1500 |2000    |     1 |
|1005 |杨幂  |2005-01-01|销售员  |1002 |1500 |2000    |     1 |
|5001 |姜红  |1998-01-01|董事长  |NULL |20000|NULL    |     5 |
+---+----+---------+-------+---+----+-----+-----+
6 rows in set (0.00 sec)
```

由以上查询结果可以看到，第 1 条 select 语句查询工资大于 10 000 的员工信息，第 2 条 select 语句查询部门编号 deptno 是 1 和 5 的员工信息。使用 union 将两条 select 语句分隔开，执行完毕之后把输出结果组合成单个的结果集，并删除重复的记录。

使用 union all 包含重复的行，在前面的例子中，分开查询时，两个返回结果中有相同的记录。union 从查询结果集中自动去除了重复的行，如果要返回所有匹配行，而不进行删除，可以使用 union all。

【例 4.73】查询所有工资大于 10 000 的员工的信息，查询 deptno 等于 1 和 5 的所有员工的信息，使用 union all 连接查询结果。

SQL 语句及执行效果如下：

```
mysql > select * from employees where esal >10000
    - > union all
    - > select * from employees where deptno in(1,5);
+---+----+---------+-------+---+----+-----+-----+
| eno | ename | ehiredate  | ejob  | emgr | esal | ebonus | deptno |
+---+----+---------+-------+---+----+-----+-----+
|3001| 胡歌  |1999 -06 -01 | 开发部长|5001 |12000|3000   |     3 |
|5001| 姜红  |1998 -01 -01 | 董事长 |NULL |20000|NULL   |     5 |
|1001| 郑莹  |1999 -01 -01 | 销售部长|5001 |10000|1500   |     1 |
|1002| 梁睿  |1999 -07 -07 | 经理   |1001 |6000 |1000   |     1 |
|1003| 赵思  |1999 -07 -07 | 销售员 |1002 |1500 |2000   |     1 |
|1004| 高文  |2000 -01 -01 | 销售员 |1002 |1500 |2000   |     1 |
|1005| 杨幂  |2005 -01 -01 | 销售员 |1002 |1500 |2000   |     1 |
|5001| 姜红  |1998 -01 -01 | 董事长 |NULL |20000|NULL   |     5 |
+---+----+---------+-------+---+----+-----+-----+
8 rows in set (0.00 sec)
```

由结果可以看到，这里总的记录数等于两条 select 语句返回的记录数之和，连接查询结果并没有去除重复的行“董事长”。

提示：union 和 union all 的区别：使用 union all 的功能是不删除重复行，加上 all 关键字语句执行时所需要的资源少，所以尽可能地使用它。因此知道有重复行但是想保留这些行，确定查询结果中不会有重复数据或者不需要去掉重复数据的时候，应当使用 union all，以提高查询效率。

4.3 数据表操作实训

SQL 语句可以分为两部分，一部分用来创建数据库对象，另一部分用来操作这些对象，本项目详细介绍数据表的基本操作，包括插入表数据、修改表数据、删除表数据、查询表数据。通过本项目的介绍，读者可以了解到 SQL 中的查询语言的强大功能，用户可以根据需要灵活使用。下面的“数据表操作实训”将回顾这些 SQL 语句。

本实训以学生管理信息系统数据库（stuMIS）为例进行操作。

1）stuMIS 数据库中数据表的表结构参考“3.4.1 学生管理信息系统（stuMIS）结构分析”。

2）向对应的表中插入数据。

向部门/系部表插入数据，数据如图 4 – 1 所示。

departid	departname	office	tel	chairman
1	计算机系	A502	4040	孙丰伟
2	经济管理系	A305	4024	李红艳
3	水晶石	A218	4012	吴可鹏
4	通信系	A308	4089	张楠
5	机电系	A216	4033	吴宝玉
6	建筑系	A212	4036	包伟丽

图 4-1　向部门/系部表插入数据

向班级表插入数据，数据如图 4-2 所示。

classId	classname	departid	monitor
15111	软件中软一班	1	王波
15112	软件中软二班	1	江河
15113	软件中软三班	1	任永琼
15114	软件普软四班	1	张泽星
15121	网络一班	1	张丽
15221	电商一班	1	李世群
15231	物流一班	2	张松
15321	通信一班	3	沈佳萍
15411	动漫一班	4	谢嘉
15511	汽修一班	5	李平
15611	桥梁一班	6	张敏芳

图 4-2　向班级表插入数据

向课程表插入数据，数据如图 4-3 所示。

cId	cName	cType	cTime	teacher	smallnum	registernum
10101	工程测量	工程技术	周一3-4节	孙瑞晨	20	16
10103	桥梁工程	工程技术	周一1-2节	黄金晓	15	12
10107	道路建筑材料	工程技术	周二3-4节	陈婷婷	20	17
20103	仓储与配送管理	管理	周二5-6节	陈科	15	26
20106	物流管理	管理	周一3-4节	严莉莉	30	36
30106	计算机应用基础	计算机	周三7-8节	胡灵	20	31
30107	计算机组装与维护	计算机	周三3-4节	盛利	30	36
30108	电子电工技术	计算机	周四1-2节	吴晓红	20	28
30214	数据库技术及应用	计算机	周四3-4节	曾飞燕	30	33
40103	通信设备管理	通信	周五1-2节	丁亮	30	37
51204	动画设计	动漫	周五3-4节	李明华	20	28
61008	机械制图	建筑	周五3-4节	张世清	20	28

图 4-3　向课程表插入数据

向学生表插入数据，数据如图 4-4 所示。

stuid	stuname	stusex	stupwd	stuage	classid	address
1511101	何英国	女	123456	17	15111	荆门
1511102	方振	男	123456	16	15111	荆门
1511103	雷英飞	男	abc123	18	15111	武汉
1511104	金丹	女	765123	20	15111	武汉
1511105	秦淼英	女	123	21	15111	黄冈
1511201	秦雷刚	男	1511201	19	15112	武汉
1511202	杨卫红	女	1511202	17	15112	黄石
1511203	周晓影	女	1511203	18	15112	黄石
1511204	张义军	男	1511204	20	15112	黄石
1511205	朱寒松	男	1511205	21	15112	宜昌
1522101	董泽琼	女	123456	20	15221	荆门
1522102	任海文	男	123456	17	15221	武汉
1522103	孙雪琴	女	abc123	17	15221	荆门
1522104	李爱华	女	765123	18	15221	武汉
1522105	何茂林	男	123	18	15221	黄石
1523101	罗峰	男	1523101	17	15231	黄石
1523102	宁梦涵	女	1523102	18	15231	宜昌
1523103	谭倩倩	女	1523103	18	15231	宜昌
1523104	谭倩倩	女	1523104	21	15231	黄石
1523105	谭倩倩	女	1523105	21	15231	荆门
1551101	蔡诗川	女	1511201	18	15511	武汉
1551102	陈雪玲	女	1511202	18	15511	黄石
1551103	程英	女	1511203	18	15511	黄石
1551104	王伟杰	男	1511204	19	15511	黄石
1551105	艾清	男	1511205	19	15511	宜昌

图 4-4　向学生表插入数据

向成绩表插入数据，数据如图 4-5 所示。

stuid	cid	score
1511101	30106	89
1511101	30214	89
1511102	30106	96
1511102	30214	96
1511103	30106	59
1511103	30214	59
1511104	30106	65
1511104	30214	65
1511105	30106	88
1511105	30214	88
1511201	30106	99
1511201	30214	79
1511202	30106	55
1511202	30214	45
1511203	30106	67
1511203	30214	87
1511204	30106	65
1511204	30214	95
1511205	30106	78
1522101	20103	63
1522102	20103	20
1522103	20103	98
1522104	20103	85
1522105	20103	65
1523101	20106	88
1523102	20106	90
1523103	20106	95
1523104	20106	66
1523105	20106	53

图 4-5 向成绩表插入数据

3）根据 stuMIS 数据库中的表，进行如下操作。

①修改表中数据。

修改学号为 1611101 的学生的总学分为 55 分。

修改学号为 1621102 的学生的学分为 60 分，生日为 1990-8-5（一次改变多字段的值）。

修改王超的性别为女。

修改计算机系王超的性别为男（多个条件）。

②查询单表中部分字段。

查询所有学生的学号和姓名。

查询所有学生的姓名和家庭住址。

查询所有系部的名称和联系电话。

查询所有课程名称和该课程授课教师信息。

查询所有班级名称和班长信息。

③重命名检索得到的字段：要求用汉字作为字段名。

查询所有学生的姓名和性别。

查询所有学生的姓名、年龄和家庭住址。

查询所有系部的名称和办公室信息。

查询所有课程名称、授课时间和该课程授课教师信息。

查询所有班级名称和班长信息。

④返回结果集中的部分行。

返回学生成绩表中前 10 条数据。

返回课程表中前 8 条数据的课程名称和选课人数。

返回系部表中的第 1 条数据。

返回科目表中的第5~8条数据。
⑤消除重复行。
返回学生表所有不重复的班级编号，字段名使用汉字显示。
返回班级表中所有不重复的系部编号，字段名使用汉字显示。
返回成绩表中不重复的课程编号，字段名使用汉字显示。
返回课程表中不重复的授课时间，字段名使用汉字显示。
返回课程表中不重复的课程所属类别，字段名使用汉字显示。
返回学生表中每个班级的年龄信息。
⑥条件查询。
班级编号为20080101的所有学生信息。
生源地为‘武汉’的所有学生信息。
生源地为荆门的学生的姓名、性别、年龄和生源地。
性别为女的所有学生信息。
课程类别为‘工程技术’的所有课程信息。
学生密码和学号相同的学生信息。
班级编号为20080101且生源地为‘武汉’的学生姓名、生源地信息。
性别为女的生源地为“荆门”的所有学生信息。
20岁的男生班级编号、姓名和生源地。
周四1~2节上课的计算机类的课程信息。
报名人数下线为30的计算机类课程信息。
班级编号为20080101或者生源地为‘武汉’的学生全部信息。
工程技术类和管理类的所有课程。
20080101和20080102所有班级学生信息。
生源地为黄冈和孝感的所有信息。
院系编号为2和3的所有班级信息。
显示所有大于18岁的学生信息。
显示所有不是18和20岁的学生信息。
显示所有不能正常开课的课程信息。
显示所有不及格的学生成绩。
报名人数大于等于30人，并且小于等于36人的课程信息。
年龄为17、19、21的所有学生信息。
黄冈、孝感、宜昌所有18岁女学生的学号、姓名、年龄和家庭住址。
计算机和工程技术类的所有课程信息。
年龄在18~20之间的学生的班级编号和姓名。
年龄在18~20之间的黄冈所有学生信息。
年龄在18~20之间的所有学生信息和孝感的所有学生信息。
年龄不是18~20之间的所有学生信息（2种方法）。
⑦模糊查询like。
院系表中电话带有98两个连续数字的院系信息。

院系表中主任中姓王的院系信息。

课程表中课程名中带有“计算机”三个字的所有课程信息。

课程表中课程编号以 3 开头的所有课程信息。

所有 3 ~4 节上课的课程信息。

学生表中学生班级编号中有 01 的所有学生信息（学生表中不重复的班级信息）。

课程表中所有周二上课的课程名称、上课教师和详细的上课时间。

学生表中姓金的女生信息。

课程表中 1 ~2 节上课的计算机类课程信息。

姓名中带有“超”字的学生信息。

查询姓孙的授课教师的开课信息。

所有周一开课的课程信息。

所有名字是 2 个字的学生信息。

姓赵和姓王的所有学生信息。

系主任不姓赵和吴的所有系部信息。

办公室不是 A 和 B 开头的所有系部信息。

学生姓名第三个字是“英”的所有学生的姓名和班级编号。

姓名的第二个字不是“文”的所有学生的学号和姓名信息。

密码中带有字母 b 或数字 7 的所有学生信息。

⑧排序练习。

检索 course 表的课程名称、授课教师、最低限制开班人数和报名人数，要求检索结果按照最低限制开班人数的升序排列；最低限制开班人数相同时，则按照报名人数的降序排列。

检索 student 表的学号、姓名、性别、年龄，要求检索结果按照年龄升序排列。年龄相同的，女生在前男生在后排列（降序）。

检索 sc 表的信息，要求按照课程编号升序排列，课程编号相同的，按照成绩降序排列。

检索 student 表的信息，要求按照班级升序排列，班级相同的，按照学号升序排列。

检索成绩表的信息，要求按照课程编号升序排列，课程编号相同的，按照成绩降序排列，成绩相同的，按照学号升序排列。

课程表中所有信息，要求按照报名人数从多到少的顺序显示。

⑨聚合函数。

检索 student 表中最小的年龄。

检索 student 表中最大的年龄。

检索 student 表中平均年龄。

检索 course 表中每个学生的总成绩。

检索 class 表中一共有多少个班级。

查询 15112 班级有多少个学生。

查询 1511101 学生的总成绩。

查询成绩表中有多少个学生选择课程编号为 30106 课程。

最低限制开班人数和报名人数之差最大的课程信息。

检索 student 表中最小的年龄、最大的年龄和平均年龄。
检索课程编号为 30106 的最高分、最低分和平均分。
检索学号为 1511101 的最高分、最低分和总分。
检索 student 表中来自荆门的学生的最小的年龄、最大的年龄和平均年龄。
⑩group by having 分组查询。
统计各个系部班级数量。
统计各个班级男女生人数。
统计课程表中各类课程的数量。
统计成绩表中各科考试人数。
按生源地分类统计各个生源地学生的平均年龄。
按班级分类统计各个班级的学生的平均年龄。
按课程编号分类统计不同课程编号的学生的平均分数。
按学号分类统计各个学生的总分。
查询 15112 班级男生与女生人数。
统计各个学生的平均分。
查询平均成绩大于 80 的学生的学号和成绩。
统计成绩表中各科考试人数，并且考试人数大于 5 人的。
统计各个班级男女生人数，返回人数大于 3 人的。
⑪case when。
显示学生成绩表中所有信息，要求使用‘及格’或者‘不及格’显示成绩。
显示所有学生姓名和年龄，要求使用‘成年’或者‘未成年’显示年龄。
⑫in 的应用（子查询）。
查询计算机系所有班级信息。
查询计算机系和经管系所有班级。
查询“汽修一班”所有学生信息。
系部主任是“孙丰伟”的所有班级信息。
查询系主任姓吴的系部的所有班级。
来自武汉的同学信息。
“管理”类课程的成绩。
查询来自武汉和荆门的学生的考试成绩信息。
查询参加“计算机应用基础”和“数据库技术及应用”考试的学生成绩信息。
⑬多表联合查询。
显示系部编号、系部名称和班级名称、班长。
显示所有学生的班级编号、班级名称、学生姓名。
⑭通过计算获得新列。
将成绩表中 100 分制成绩使用满分为 120 分的成绩。显示所有字段。
根据销售表中数据显示商品编号、商品单价、销售数量、销售金额。
⑮删除表中数据。
删除所有性别为女的学生信息。

删除经管系男生信息。

删除第 4、5、6 三个学期开课的课程信息。

小 结

SQL 即结构化查询语言。它是关系型数据库管理系统的标准语言，它的功能十分强大，可以帮助用户实现数据查询、数据操纵、数据控制、数据定义。不同的功能使用不同的命令关键字发出动作：插入数据使用 insert 命令；更新数据使用 update 命令；删除数据使用 delete 命令；数据查询使用 select 命令。本项目的内容是关系型数据库的基础部分。

综合实训 4

根据本项目所学内容，完成下面实训：

一、创建运动会赛事数据库 gameDB。

二、gameDB 数据库下的表结构见表 4－10 ~ 表 4－13。

表 4－10 运动会信息表 gameinfo

字段中文描述	字段名	字段类型	备注
运动会编号	gameid	整型	主键
运动会名称	gamename	字符型，30 长度	不为空
举办学校	school	字符型，20 长度	
运动会日期	gamedate	日期型	
参加人数	count	整型	大于 0
预计费用	charge	数值型 decimal（7，2）	精确到 2 位小数

表 4－11 运动员表 sporter

字段中文描述	字段名	字段类型	备注
运动员编号	sporterid	整型	主键
运动员姓名	name	字符型，10 长度	不为空
运动员性别	sex	字符型，2 长度	只能输入男或女
所属系号	department	字符型，15 长度	不能为空

表 4－12 项目表 item

字段中文描述	字段名	字段类型	备注
项目编号	itemid	整型	
项目名称	itemname	字符型，20 长度	
项目比赛地点	location	字符型，20 长度	

表4－13　成绩表 grade

字段中文描述	字段名	字段类型	备注
运动员编号	id	整型	sporter 表外键
项目编号	itemid	整型	item 表外键
积分	mark	整型	取值范围 0、2、4、6

三、请用 SQL 语句完成如下功能：

1. 在数据库 gameDB 下建表，注意满足如下要求：

1）定义各个表的主键外键约束。

2）运动员的姓名和所属系别不能为空值。

3）积分要么为空值，要么为 6、4、2、0。分别代表第一、二、三名和其他名次的积分。

2. 向数据库 gameDB 的表中插入如下数据：

运动会信息表 gameinfo

（101，秋季运动会，工业大学，2008－8－8，1000，12300.50）

运动员表 sporter（

1001，李明，男，计算机系

1002，张三，男，数学系

1003，李四，男，计算机系

1004，王二，男，物理系

1005，李娜，女，心理系

1006，孙丽，女，数学系）

项目表 item（

x001，男子五千米，一操场

x002，男子标枪，一操场

x003，男子跳远，二操场

x004，女子跳高，二操场

x005，女子三千米，三操场）

成绩表 grade（

1001，x001，6

1002，x001，4

1003，x001，2

1004，x001，0

1001，x003，4

1002，x003，6

1004，x003，2

1005，x004，6

1006，x004，4）

3. 完成如下查询操作。

（1）查询运动会信息表以文字形式显示运动会的信息。例如：工业大学秋季运动会在2008 年 8 月 8 日举行，参加人数 1 000 人，赛会预计费用 12 300. 50 元。(concat)

（2）由于客观原因，参赛人数减少 20%，费用缩减为原来的 90%，请更改运动会信息表。

（3）1006 号运动员的信息更改为孙梦，外语系。

（4）计算参加运动会的男女运动员共多少人。

（5）查出姓李的运动员，显示他们的姓名和所在系别。

（6）求出目前总积分最高的系名及其积分。

（7）找出在一操场进行比赛的各项目名称及其冠军的姓名。

（8）找出参加了张三所参加的所有项目的其他同学的姓名。

（9）经查张三因为使用了违禁药品，其成绩都记 0 分，请在数据库中作出相应修改。

（10）经组委会协商，需要删除女子跳高比赛项目。

思考与练习 4

创建数据库 petDB，并在 petDB 数据库中创建表 pets，对表 pets 进行插入、更新、删除与查询操作。pets 表结构见表 4 - 14。

（1）首先创建数据库 petDB。

（2）在 petDB 数据库中创建表 pets，使用不同的方法将表 4 - 15 中的记录插入 pets 表中。

（3）将没有主人的宠物的 owner 字段值都改为 Duck。

（4）删除已经死亡的宠物记录。

（5）查询 2010 年存入的宠物信息（substring）。

（6）查询所有 2008 年出生的雄性的宠物。

（7）查询没有主人的宠物信息。

（8）查询名字中含有“y”的宠物信息。

（9）查询统计每种宠物的数量。

（10）查询所有宠物信息，并按照性别升序排列，出生日期降序排列。

表 4 - 14　pets 表结构

字段名	字段说明	数据类型	主键	非空	唯一
pid	宠物编号	varchar（20）	是		
name	宠物名称	varchar（20）		是	
owner	宠物主人	varchar（20）			
species	种类	varchar（20）		是	
sex	性别	char（2）		是（f、m）	
birth	出生日期	Year		是	

续表

字段名	字段说明	数据类型	主键	非空	唯一
death	死亡日期	Year			

表 4－15　pets 表中记录

pid	name	owner	species	sex	birth	death
2012080901	fluffy	harold	cat	f	2011	null
2010040601	claws	gwen	cat	m	2009	2016
2010040602	buffy	null	dog	f	2009	null
2011010501	fang	benny	dog	m	2008	null
2010052302	bowser	diane	dog	m	2007	null
2010111202	chirpy	null	bird	f	2008	null

附录：empMIS 数据库、stuMIS 数据库中的表及数据

```
*****************************************************
-- 创建员工管理信息系统数据库(empMIS)
create database empMIS default character set utf8;
-- 打开 empMIS 数据库
use empMIS;
*****************************************************
-- 创建部门表(departments)
create table departments
( dno int primary key,
  dname varchar(30) unique,
  dloc varchar(50) default '北京'
);
--显示 departments 的表结构
desc departments;
-- 向部门表插入数据
insert into departments(dno,dname,dloc) values
(1,'销售部','长春'),(2,'财务部','沈阳'),
(3,'开发部','哈尔滨'),(4,'人事部','北京'),
(5,'董事会','北京'),(6,'后勤部','北京');
-- 查询 departments 表中的数据
select * from departments;
*****************************************************
```

```
-- 创建员工表(employees)
create table employees
( eno int primary key,
  ename varchar(20),
  ehiredate date,
  ejob varchar(16),
  emgr int,
  esal decimal,
  ebonus decimal,
  deptno int,
  constraint fk_deptno foreign key( deptno) references departments(dno)
);
--显示 employees 的表结构
desc employees;
-- 向员工表插入数据
insert into employees(eno,ename,ehiredate,ejob,emgr,esal,ebonus,deptno)
values
(1001,'郑莹','1999-1-1','销售部长',5001,10000,1500,1)
,(1002,'梁睿','1999-7-7','经理',1001,6000,1000,1)
,(1003,'赵思','1999-7-7','销售员',1002,1500,2000,1)
,(1004,'smith','2000-1-1','销售员',1002,1500,2000,1)
,(1005,'杨幂','2005-1-1','销售员',1002,1500,2000,1)
,(2001,'张松','1998-10-3','财务部长',5001,8000,1000,2)
,(2002,'孙威','1998-10-20','会计',2001,4000,null,2)
,(2003,'王东','1998-10-20','出纳',2001,3000,null,2)
,(3001,'胡歌','1999-6-1','开发部长',5001,12000,3000,3)
,(3002,'邓超','1999-12-6','项目经理',3001,7000,1000,3)
,(3003,'陈赫','2000-1-1','程序员',3001,6000,1000,3)
,(3004,'鹿晗','2000-1-1','程序员',3001,6500,2000,3)
,(3005,'杨洋','2003-9-1','程序员',3001,4000,1000,3)
,(4001,'李丽','1999-1-1','人事部长',5001,8000,1000,4)
,(4002,'rose','1999-2-10','办事员',4001,4000,null,4)
,(4003,'吴坤','2007-10-1','办事员',4001,3500,null,4)
,(4004,'马萍','2009-5-17','办事员',4001,3000,null,4)
,(5001,'姜红','1998-1-1','董事长',null,20000,null,5)
,(1,'栾凯','2010-1-1',null,null,1500,null,null)
,(2,'程程','2010-1-1',null,null,1500,null,null);
```

```
-- 查询 employees 表中的数据
select * from employees;
**************************************************
--创建工资表(salary)
create table salary
( eno int primary key,
  ejob varchar(16),
  esal decimal,
  ebonus decimal
);
--显示 salary 的表结构
desc salary;
-- 向工资表插入数据
insert into salary select eno,ejob,esal,ebonus from employees;
-- 查询 salary 表中的数据
select * from salary;
**************************************************
**************************************************
**************************************************
-- 创建学生管理信息系统数据库(stuMIS)
create database stuMIS default character set utf8;
-- 打开 stuMIS 数据库
use stuMIS;
**************************************************
-- 创建部门表(department)
create table department
( departid int not null primary key,
  departname varchar(20),
  office varchar(40),
  tel varchar(20),
  chairman varchar(20)
);
-- 创建班级表
create table class
( departid int not null ,
  classid varchar(10) not null,
  classname varchar(40),
  monitor varchar(20) ,
```

```
  primary key (classid),
  foreign key (departid) references department(departid) on delete
  cascade on update cascade
);
 -- 创建课程表(course)
create table course
( cid varchar(10) not null,
  cname varchar(40) not null,
  ctype varchar(20) not null,
  ctime varchar(30) not null,
  teacher varchar(10),
  smallnum int not null ,
  registernum int not null,
  primary key(cid)
);
 -- 创建学生表(student)
create table student
( stuid varchar(10) not null,
  stuname varchar(10) not null,
  stusex varchar(2) not null,
  stupwd varchar(7) not null,
  stuage int ,
  classid varchar(10) not null,
  address varchar(100) null,
  primary key (stuid),
  foreign key(classid) references class(classid)
);
 -- 创建成绩表(score)
create table score
( stuid varchar(10) not null,
  cid varchar(10) not null,
  score int,
  primary key(stuid,cid),
  foreign key(stuid) references student(stuid),
  foreign key(cid) references course(cid)
);
*************************************************
```

```
-- 向部门表插入数据
insert into department( departid,departname,office,tel,chairman) val-
ues
(1,'计算机系','a502','4040','孙丰伟'),
(2,'经济管理系','a305','4024','李红艳'),
(3,'水晶石','a218','4012','吴可鹏'),
(4,'通信系','a308','4089','张楠'),
(5,'机电系','a216','4033','吴宝玉'),
(6,'建筑系','a212','4036','包伟丽');
-- 向班级表中插入数据
insert into class(classid,departid,classname,monitor) values
('15111',1,'软件中软一班' ,'王波'),
('15112',1,'软件中软二班','江河' ),
('15113',1,'软件中软三班' ,'任永琼'),
('15114',1,'软件普软四班' ,'张泽星'),
('15121',1,'网络一班','张丽'),
('15231',2,'物流一班','张松'),
('15611',6,'桥梁一班','张敏芳'),
('15321',3,'通信一班','沈佳萍'),
('15411',4,'动漫一班','谢嘉'),
('15511',5,'汽修一班','李平'),
('15221',1,'电商一班','李世群');
-- 向学生表中插入数据
insert into student values
('1511101','何英国','女','123456',17,'15111','长春'),
('1511102','方振','男','123456',16,'15111', '长春') ,
('1511103','雷英飞','男','abc123',18,'15111','四平'),
('1511104','金丹','女','765123',20,'15111','松原'),
('1511105','秦淼英','女','123',21,'15111','延吉'),
('1511201','奉雷刚','男','1511201',19,'15112','四平'),
('1511202','杨卫红','女','1511202',17,'15112','延吉'),
('1511203','周晓影','女','1511203',18,'15112','白山'),
('1511204','张义军','男','1511204',20,'15112','松原'),
('1511205','朱寒松','男','1511205',21,'15112','长春'),
('1523101','罗峰','男','1523101',17,'15231','延吉'),
('1523102','宁梦涵','女','1523102',18,'15231','延吉'),
('1523103','谭倩倩','女','1523103',18,'15231','长春'),
('1523104','谭倩倩','女','1523104',21,'15231','长春'),
```

```
('1523105','谭倩倩','女','1523105',21,'15231','松原'),
('1551101','蔡诗川','女','1511201',18,'15511','白山'),
('1551102','陈露玲','女','1511202',18,'15511','吉林'),
('1551103','程英','女','1511203',18,'15511','吉林'),
('1551104','王作杰','男','1511204',19,'15511','长春'),
('1551105','艾清','男','1511205',19,'15511','长春'),
('1522101','董泽琼','女','123456',20,'15221','吉林'),
('1522102','任海文','男','123456',17,'15221','吉林'),
('1522103','孙雪琴','女','abc123',17,'15221','松原'),
('1522104','李爱华','女','765123',18,'15221','长春'),
('1522105','何茂林','男','123',18,'15221','吉林');
-- 向课程表中插入数据
insert into course (cid,cname,teacher,ctype,ctime,smallnum,regis-
ternum) values
('10101','工程测量','孙瑞晨','工程技术','周一 3 -4 节',20,16),
('10103','桥梁工程','黄金晓','工程技术','周一 1 -2 节',15,12),
('10107','道路建筑材料','陈婷婷','工程技术','周二 3 -4 节',20,17),
('20103','仓储与配送管理','陈科','管理','周二 5 -6 节',15,26),
('20106','物流管理','严莉莉','管理','周一 3 -4 节',30,36),
('30106','计算机应用基础','胡灵','计算机','周三 7 -8 节',20,31),
('30107','计算机组装与维护','盛利','计算机','周三 3 -4 节',30,36),
('30108','电子电工技术','吴晓红','计算机','周四 1 -2 节',20,28),
('30214','数据库技术及应用','曾飞燕','计算机','周四 3 -4 节',30,33),
('40103','通信设备管理','丁亮','通信','周五 1 -2 节',30,37),
('51204','动画设计','李明华','动漫','周五 3 -4 节',20,28),
('61008','机械制图','张世清','建筑','周五 3 -4 节',20,28);
-- 向成绩表中插入数据
insert into score values
('1511101','30106',89),('1511102','30106',96),
('1511103','30106',59),('1511104','30106',65),
('1511105','30106',88),('1511201','30106',99),
('1511202','30106',55),('1511203','30106',67),
('1511204','30106',65),('1511205','30106',78),
('1511101','30214',89),('1511102','30214',96),
('1511103','30214',59),('1511104','30214',65),
('1511105','30214',88),('1511201','30214',79),
('1511202','30214',45),('1511203','30214',87),
('1511204','30214',95),('1523101','20106',88),
```

```
('1523102','20106',90),('1523103','20106',95),
('1523104','20106',66),('1523105','20106',53),
('1522101','20103',63),('1522102','20103',20),
('1522103','20103',98),('1522104','20103',85),
('1522105','20103',65);
**************************************************
```

项目 5　视图、索引和事务的使用

学习目标

使学生了解视图的基本概念、作用和特点，掌握创建、修改和删除视图的方法，灵活运用视图简化表和简化数据的查询。

掌握索引的分类，根据数据的特点创建各类索引，以加快检索的速度。

了解事务的特点、事务的提交与回滚。

5.1　视图

5.1.1　视图的概述

视图作为一种数据库对象，为用户提供了可以检索数据表中数据的方式。用户通过视图来浏览数据表中感兴趣的部分或全部数据，而数据的物理存储仍然在表中。

视图是从一个或多个表中导出来的表，是一种虚拟存在的表。视图就像一个窗口，通过这个窗口可以看到系统专门提供的数据。这样，用户可以不用看到整个数据库中的数据，而只关心对自己有用的数据。数据库中只存放了视图的定义，而没有存放视图中的数据，这些数据存放在原来的表中。使用视图查询数据时，数据库系统会从原来的表中取出对应的数据。视图中的数据依赖于原来表中的数据，一旦表中数据发生改变，显示在视图中的数据也会发生改变。对视图的操作包括视图的创建、修改、删除及查看等操作。

视图是使用查询语句基于一个或多个基本表构建出来的虚表。对视图的一切操作最终都转换为对基本表的操作。视图有以下特性：

1. 简单性

看到的就是需要的。视图不仅可以简化用户对数据的理解，也可以简化他们的操作。那些被经常使用的查询可以被定义为视图，从而使得用户不必为以后的操作每次指定全部的条件。

2. 安全性

通过视图用户只能查询和修改他们所能见到的数据。数据库中的其他数据则既看不见也取不到。数据库授权命令可以使每个用户对数据库的检索限制到特定的数据库对象上，但不能授权到数据库特定行和特定的字段上。通过视图，用户可以被限制在数据的不同子集上。

3. 逻辑数据独立性

视图可帮助用户屏蔽真实表结构变化带来的影响。

5.1.2　视图的创建与管理

视图不是实体的数据表，但却可以把相关联的表的数据汇集到一个“表”中，可以一次查出所需数据，并且操作方便，就像从一个表中查出数据一样。

1. 创建视图的语法格式

```
create[or replace][algorithm ={undefined |merge |temptable}]view
[数据库名 .]视图名 [(字段列表)]
as 查询语句
[with [cascaded |local] check option]
```

通过该语句可以创建视图，其中若给定了［or replace］，则表示当已存在同名的视图时，将覆盖原视图。

语法说明：

algorithm：表示视图选择的算法（可选参数）。

undefined：MySQL 将自动选择所要使用的算法。

merge：将视图的语句与视图定义合并起来，使得视图定义的某一部分取代语句的对应部分。

temptable：将视图的结果存入临时表，然后使用临时表执行语句。

字段列表：使用可选的字段列表为视图定义明确的字段名称，在字段列表中使用逗号隔开字段名，字段名称数目必须等于 select 语句检索的列数。若使用与源表或视图中相同的字段名时，可以省略字段列表。

查询语句：这个查询语句可从表或其他的视图中查询所需数据。

视图属于数据库，因此需要指定数据库的名称，若未指定，表示在当前的数据库创建新视图。

创建视图时，最好加上 with [cascaded | local] check option 参数，这种方式比较严格，可以保证数据的安全性。

表和视图共享数据库中相同的名称空间，因此，数据库不能包含相同名称的表和视图，并且视图的字段名也不能重复。

【例 5.1】在 empMIS 数据库中创建一个名为 v_employee 的视图，该视图显示 employees 表中员工编号是 3 开头的员工信息，包含 eno、ename、ejob 三列数据。

代码如下：

```
mysql > create view v_employee
     - > as
     - > select eno,ename,ejob from employees where eno like '3%';
Query OK, 0 rows affected (0.08 sec)
```

创建成功后，使用查询语句检查视图中包含的数据。

```
mysql > select * from v_employee;
+------+-------+----------+
|eno   |ename  |ejob      |
+------+-------+----------+
|3001  |胡歌   |开发部长  |
|3002  |邓超   |项目经理  |
|3003  |陈赫   |程序员    |
|3004  |鹿晗   |程序员    |
|3005  |杨洋   |程序员    |
+------+-------+----------+
```

创建视图注意事项：

① 运行创建视图的语句需要用户具有创建视图（create view）的权限，若加了［or replace］，还需要用户具有删除视图（drop view）的权限；

② select 语句不能包含 from 子句中的子查询；

③ select 语句不能引用系统或用户变量；

④ select 语句不能引用预处理语句参数；

⑤ 在存储子程序内，定义不能引用子程序参数或局部变量；

⑥ 在定义中引用的表或视图必须存在；

⑦ 在定义中不能引用临时表，不能创建临时视图；

⑧ 不能将触发程序与视图关联在一起；

⑨ 在视图定义中允许使用 order by 子句，但是，如果从特定视图进行了选择，而该视图使用了具有自己 order by 的子句，它将被忽略。

2. 查看视图

在 MySQL 中，show tables 不仅可以用于查看当前数据库中存在的所有数据表，同时也可以查看到当前数据库中存在的所有视图。

```
mysql > show tables;
+------------------+
|Tables_in_empmis  |
+------------------+
|departments       |
|employees         |
|v_employee        |
+------------------+
3 rows in set (0.00 sec)
```

不过，如果仅仅使用 show tables 语句，在输出结果中，根本无法区分到底哪些是视图，哪些才是真实的数据表（当然，视图的命名可以统一约定以“v_”开头）。此时，需要使用命令 show full tables，该命令可以列出额外的 table_type 列。如果对应输出行上该列的值为“view”，则表示这是一个视图。

```
mysql > show full tables;
+-----------------+------------+
|Tables_in_empmis |Table_type |
+-----------------+------------+
|departments      |BASE TABLE |
|employees        |BASE TABLE |
|v_employee       |VIEW       |
+-----------------+------------+
3 rows in set (0.00 sec)
```

当通过上述命令找到了所需要的视图之后，可以使用如下命令查看创建该视图的详细语句：

```
show create view 视图名;
```

例如，使用该命令查看创建视图 v_employee 的 SQL 语句：

```
mysql > show create view v_employee;
+---------+------------+-----------------+---------------+
|View |Create View |character_set_client |collation_connection |
+---------+------------+-----------------+---------------+
|v_employee |
CREATE ALGORITHM =UNDEFINED DEFINER ='root'@ 'localhost' SQL SECURIT
Y DEFINER VIEW 'v_employee' AS select 'employees' . 'eno' AS 'eno',
'employees' . 'ename' AS 'ename','employees' . 'ejob' AS 'ejob' from
'employees'
where ('employees' . 'eno' like '3%')
|utf8              |utf8_general_ci      |
+---------+------------+-----------------+---------------+
1 row in set (0.01 sec)
```

3. 修改视图

修改视图是指修改数据库中存在的视图，当基本表的某些字段发生变化的时候，可以通过修改视图来保持与基本表的一致性。MySQL 中通过 create or replace view 语句或 alter 语句来修改视图。

MySQL 中使用 create or replace view 语句修改视图，语法如下：

```
create or replace [algorithm = {undefined |merge |temptable}] view
[数据库名.]视图名 [(字段列表)]
as select 查询语句
[with [cascaded |local] check option]
```

可以看到，修改视图的语句和创建视图的语句是完全一样的。当视图已经存在时，修改语句对视图进行修改；当视图不存在时，创建视图。

【例 5.2】修改视图 v_employee，显示所有员工信息。

代码如下：

```
create or replace view v_employee as select * from employees;
```

首先通过 desc 查看更改之前的视图：

```
mysql > desc v_employee;
+-------+------------+------+-----+---------+-------+
|Field |Type |Null |Key |Default |Extra |
+-------+------------+------+-----+---------+-------+
|eno   |int(11)      |NO   | |NULL | |
|ename |varchar(20) |YES | |NULL | |
|ejob  |varchar(16) |YES | |NULL | |
+-------+------------+------+-----+---------+-------+
3 rows in set (0.03 sec)
```

执行修改视图语句后，查看修改后视图如下：

```
mysql > desc v_employee;
+-------+------------+------+-----+---------+-------+
|Field      |Type           |Null |Key |Default |Extra |
+-------+------------+------+-----+---------+-------+
|eno        |int(11)        |NO   |     |NULL    |       |
|ename      |varchar(20)    |YES  |     |NULL    |       |
|ehiredate  |date           |YES  |     |NULL    |       |
|ejob       |varchar(16)    |YES  |     |NULL    |       |
|emgr       |int(11)        |YES  |     |NULL    |       |
|esal       |decimal(10,0)  |YES  |     |NULL    |       |
|ebonus     |decimal(10,0)  |YES  |     |NULL    |       |
|deptno     |int(11)        |YES  |     |NULL    |       |
+-------+------------+------+-----+---------+-------+
8 rows in set (0.01 sec)
```

从执行的结果来看，相比原来的视图，新的视图多了很多字段。

alter 语句是 MySQL 提供的另外一种修改视图的方法，语法如下：

```
alter [algorithm = {undefined |merge |temptable}]
view view_name [(column_list)]
as select_statement
[with [cascaded |local] check option]
```

该语句用于更改已有视图的定义，其语法与 create view 类似。

【例5.3】使用 alter 语句修改视图 v_employee，视图显示 employees 表中员工编号是3 开头的员工信息，包含 eno、ename 两列数据。

代码如下：

```
mysql > alter view v_employee as select eno,ename from employees
        where eno like '3%';
Query OK, 0 rows affected (0.04 sec)
mysql > select * from v_employee;
+------+-------+
| eno  | ename |
+------+-------+
|3001  | 胡歌   |
|3002  | 邓超   |
|3003  | 陈赫   |
|3004  | 鹿晗   |
|3005  | 杨洋   |
+------+-------+
5 rows in set (0.02 sec)
```

通过 alter 语句同样可以达到修改视图的目的，从上面执行过程来看，视图 v_employee 只剩下 eno、ename 两个字段，修改成功。

4. 删除视图

在 MySQL 中删除视图的方法非常简单，其详细语法如下：

```
drop view [if exists]
view_name [, view_name2]…
```

其中，关键字 if exists 用于防止因视图不存在而提示出错，此时，只有存在该视图，才会执行删除操作。drop view 语句可以一次性删除多个视图，只需要在多个视图名称之间以英文逗号隔开即可。如果多个视图存在于不同的数据库中，视图名称之前还必须加上数据库名字作为前缀，如删除视图 [数据库名.] v_employee。

```
drop view empMIS.v_employee;
```

注意，视图可以和基本表一样被查询，但是利用视图进行数据增、删、改操作，会受到一定的限制。以下类型视图不可以使用语句修改基本表数据。

① 由两个以上的基本表导出的视图。

② 视图的字段来自字段表达式函数。

③ 视图定义中有嵌套查询。

④ 在一个不允许更新的视图上定义的视图。

5.2 索引

索引是加速表内容访问的主要手段，特别对涉及多个表的连接查询更是如此，本节将介绍索引的特点，以及创建和删除索引的语法。

5.2.1 索引简介

所有的 MySQL 列类型都能被索引。在相关的列上使用索引是改进 select 操作性能的最好方法。

- 一个表最多可有 16 个索引。最大索引长度是 256 个字节，这可以在编译 MySQL 时被改变。
- 对于 char 和 varchar 列，可以索引列的前缀。这更快并且比索引整个列需要较少的磁盘空间。对于 blob 和 text 列，必须索引列的前缀，而不能索引列的全部。
- MySQL 能在多个列上创建索引。一个索引可以由最多 15 个列组成（在 char 和 varchar 列上，也可以使用列的前缀作为一个索引的部分）。

随着 MySQL 的进一步开发，创建索引的约束将会越来越少，但现在还是存在一些约束的。表 5－1 根据索引的特性，给出了 ISAM 表和 MyISAM 表之间的差别。

表 5－1 通道信息特征字对照表

索引的特点	ISAM 表	MyISAM 表
NULL 值	不允许	允许
BLOB 和 TEXT 列	不能索引	只能索引列的前缀
每个表中的索引数	16	32
每个索引中的列数	16	16
最大索引行尺寸	256 字节	500 字节

从此表中可以看到，对于 ISAM 表来说，其索引列必须定义为 not null，并且不能对 blob 和 text 列进行索引。MyISAM 表类型去掉了这些限制，而且减缓了其他的一些限制。两种表类型的索引特性的差异表明，根据所使用的 MySQL 版本的不同，有可能对某些列不能进行索引。

1. 索引的分类

索引有如下几种分类：

① index 索引：通常意义的索引，某些情况下 key 是它的一个同义词。索引的列可以包括重复的值。

② unique 索引：唯一索引，保证了列不包含重复的值。对于多列唯一索引，它保证值的组合不重复。

③ primary key 索引：与 unique 索引非常类似。事实上，primary key 索引仅是一个具有 primary 名称的 unique 索引。这表示一个表只能包含一个 primary key。

④ fulltext 索引：全文索引。全文索引的索引类型为 fulltext。全文索引只能在 varchar 或

text 类型的列上创建，并且只能在 MyISAM 表中创建。

查看数据表中现有索引的语法是：

```
show index from 数据表名;
```

【例 5.4】查看 departments 表中现有索引情况。

代码如下：

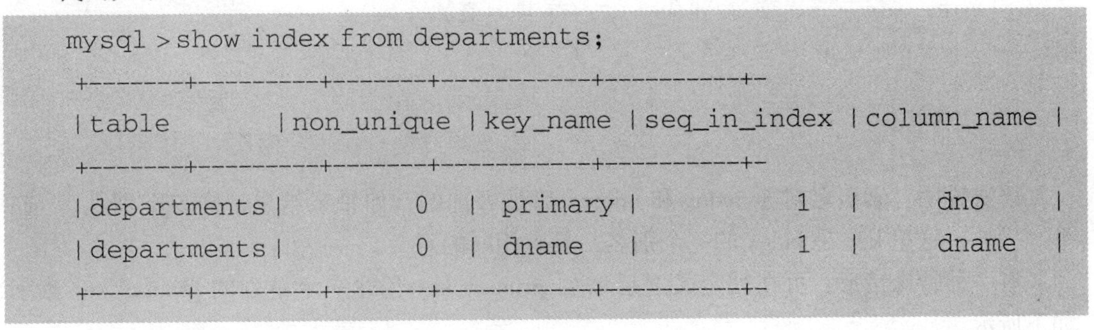

```
mysql >show index from departments;
+-------+---------+-------+-----------+----------+-
|table        |non_unique |key_name |seq_in_index |column_name |
+-------+---------+-------+-----------+----------+-
|departments |          0  | primary |           1 |      dno      |
|departments |          0  | dname   |           1 |      dname    |
+-------+---------+-------+-----------+----------+-
```

由于列数太多，例 5.4 并没有包括所有的输出。departments 数据表中现有两个索引，分别是 dno 列上创建的主键约束和 dname 列上创建的唯一约束。

索引是加快查询的最重要的工具。还有其他加快查询的技术，但是最有效的莫过于恰当地使用索引。但这样也并非总是有效，因为优化并非总是那样简单。然而，如果不使用索引，在许多情形下，用其他手段改善性能只会是浪费时间。应该首先考虑使用索引取得最大的性能改善，然后再寻求其他可能有帮助的技术。

2. 索引的作用

所有的 MySQL 索引（primary key、unique 和 index）在 B 树中存储。字符串自动地压缩前缀和结尾空间。索引用于以下几种情况：

① 快速找出匹配一个 where 子句的行。

② 进行多个表的查询时，执行连接时加快了与其他表中的行匹配的行的搜索。

③ 对特定的索引列找出 max( ) 或 min( ) 值。

④ 如果排序或分组在一个可用索引的最左面前缀上进行，排序或分组一个表。如果所有键值部分跟随 desc，键以倒序被读取。

⑤ 在一些情况中，一个查询能被优化，用来检索值，不用访问数据文件。如果某些表的所有使用的列是数字型的并且构成某些键的最左面前缀，为了更快，值可以从索引树被检索出来。

5.2.2　索引的创建

索引的创建有三种方法，分别是创建表时直接添加索引、使用 create index 在现有表中添加索引，使用 alter table 语句创建索引。

1. 创建表时直接创建索引

要想使用 create table 语句创建表时为新表创建索引，需在定义表列的语句部分指定索引创建子句，如下所示：

```
create table 表名
(
    数据列定义列表;
    index          索引名      (字段列表),
    key            索引名      (字段列表),
    unique         索引名      (字段列表),
    primary key    索引名      (字段列表),
    …
)
```

语法说明：索引名对于 index 和 unique 都是可选的，如果未给出，MySQL 将为其选一个。另外，这里 key 是 index 的一个别名，具有相同的意义。

有一种特殊情形：可在列定义之后增加 primary key 创建一个单列的 primary key 索引，如下所示。

```
create table 表名
(
    i int not null primary key
);
```

该语句等价于以下的语句：

```
create table 表名
(
    i int not null;
    primary key (i)
);
```

前面所有表创建样例都对索引列指定了 not null。如果是 ISAM 表，这是必需的，因为不能对可能包含 null 值的列进行索引。如果是 MyISAM 表，索引列可以为 null，只要该索引不是 primary key 索引即可。

在某些情况下，可能会发现必须对列的前缀进行索引。例如，索引行的长度有一个最大上限，因此，如果索引列的长度超过了这个上限，那么就可能需要利用前缀进行索引。在 MyISAM 表索引中，对 blob 或 text 列也需要前缀索引。

对一个列的前缀进行索引限制了以后对该列的更改；不能在不删除该索引并使用较短前缀的情况下，将该列缩短为一个长度小于索引所用前缀的长度的列。

2. 使用 create index 语句在现有表上创建索引

```
create [unique |fulltext |spatial] index 索引名
on 表名(字段名[长度][asc | desc]…)
```

语法说明：

unique：创建唯一类型索引。

fulltext：创建全文索引。

索引名：索引名在同一个表中必须唯一。

表名：建立索引的数据表。

字段名：创建索引的列名。

长度：对于 char 和 varchar 列，只用一列的一部分就可创建索引。创建索引时，使用 col_name（length）语法对前缀编制索引。前缀包括每列值的前 length 个字符。blob 和 text 列也可以编制索引，但是必须给出前缀长度。

asc | desc：规定索引排序规则是升序（asc）还是降序（desc），默认为升序。

【例 5.5】在 empmis 数据库的员工表姓名列前 2 个字符上创建一个升序索引。

```
create index ind_emp on employees(ename(2) desc);
```

执行例 5.5 前表中索引：

```
mysql > show index from departments;
+---------+----------+--------+------------+----------+-
|Table     |Non_unique |Key_name |Seq_in_index |Column_name |
+---------+----------+--------+------------+----------+-
|employees|         0  | primary |           1  |         eno|
+---------+----------+--------+------------+----------+-
```

执行例 5.5 后表中索引：

```
+---------+----------+--------+------------+----------+-
|Table     |Non_unique |Key_name |Seq_in_index |Column_name |
+---------+----------+--------+------------+----------+-
|employees|        0   | primary |           1  |         eno|
|employees|        1   | ind_emp |           1  |       ename|
+---------+----------+--------+------------+----------+-
```

【例 5.6】在 empMIS 数据库的员工表的员工编号和员工直属领导编号上建立一个复合索引。代码如下：

```
create index ind_ejob on employees(eno,emgr);
```

执行例 5.6 后表中索引：

```
mysql > show index from employees;
+---------+----------+--------+------------+----------+-
|Table     |Non_unique |Key_name |Seq_in_index |Column_name |
+---------+----------+--------+------------+----------+-
|employees|          0 |primary  |        1    |      eno  |
|employees|          1 |ind_emp  |        1    |      ename|
|employees|          1 |ind_ejob |        1    |      eno  |
|employees|          1 |ind_ejob |        2    |      emgr |
+---------+----------+--------+------------+----------+-
```

3. 用 alter table 语句创建索引

为了给现有的表增加一个索引，可使用 alter table 来创建普通索引、unique 索引或 primary key 索引，创建语法如下：

```
alter table 表名
add index |unique |primary key 索引名称 (数据列列表)
```

语法说明：

表名：是要增加索引的表名。

数据列列表：指出对哪些列进行索引。一个（col1,col2,…）形式的列表创造一个多列索引。索引值由给定列的值串联而成。如果索引由不止一列组成，各字段名之间用逗号分隔。

索引名：是可选的，MySQL 将根据第一个索引列赋给它一个名称。

alter table 允许在单个语句中指定多个字段的更改，因此可以同时创建多个索引。

同样，也可以用 alter table 语句删除列的索引：

```
alter table 表名 drop index 索引名
alter table 表名 drop primary key
```

注意，上面第一条语句可以用来删除各种类型的索引，而第二条语句只在删除 primary key 索引时使用；在此情形中，不需要索引名，因为一个表只可能具有一个这样的索引。如果没有明确地创建作为 primary key 的索引，但该表具有一个或多个 unique 索引，则 MySQL 将删除这些 unique 索引中的第一个。

如果从表中删除了列，则索引可能会受到影响。如果所删除的列为索引的组成部分，则该列也会从索引中删除。如果组成索引的所有列都被删除，则整个索引将被删除。

【例 5.7】连接 stuMIS 数据库，为 department 表 departname 添加一个唯一索引，以加速表的检索速度。

代码如下：

```
mysql > use stumis
Database changed
mysql > alter table department add unique (departname);
Query OK, 0 rows affected (0.30 sec)
Records: 0 Duplicates: 0 Warnings: 0
```

5.2.3 设计原则和注意事项

创建索引和挑选索引列要满足一定的准则：

1. 搜索的索引列，不一定是所要选择的列

换句话说，最适合索引的列是出现在 where 子句中的列，或连接子句中指定的列，而不是出现在 select 关键字后的选择列表中的列，例如：

```
select
col_a            ←不适合作索引列
from
数据表1 left join 数据表2
on 数据表1.col_b =数据表2.col_c          ←适合作索引列
where
col_d = expr        ←适合作索引列
```

所选择的列和用于where子句的列也可能是相同的。出现在连接子句中的列或出现在形如col1 = col2的表达式中的列是很适合索引的列。查询中的col_b和col_c就是这样的例子。如果MySQL能利用连接列来优化一个查询，表示它通过消除全表扫描减少了表行的组合。

2. 使用唯一索引

考虑某列中值的分布。对于唯一值的列，索引的效果最好，而具有多个重复值的列，其索引效果最差。例如，存放年龄的列具有不同值，很容易区分各行。而用来记录性别的列，只含有“M”和“F”，则对此列进行索引没有多大用处。

3. 使用短索引

如果对字符列进行索引，应该指定一个前缀长度，只要有可能就应该这样做。例如，如果有一个char（200）列，如果在前10或20个字符内，多数值是唯一的，那么就不要对整个列进行索引。对前10个或20个字符进行索引能够节省大量索引空间，也可能会使查询更快。较小的索引涉及的磁盘I/O较少，较短的值比较起来更快。更为重要的是，对于较短的键值，索引高速缓存中的块能容纳更多的键值，因此，MySQL也可以在内存中容纳更多的值。这增加了找到行而不用读取索引中较多块的可能性。

4. 利用最左前缀

在创建一个n列的索引时，实际是创建了MySQL可利用的n个索引。多列索引可起到几个索引的作用，因为可利用索引中最左边的列集来匹配行。这样的列集称为最左前缀（这与索引一个列的前缀不同，索引一个列的前缀是利用该列的前n个字符作为索引值）。

假如一个表在字段名为state、city和zip的三个列上有一个索引。索引中的行是按state/city/zip的次序存放的，因此，索引中的行也会自动按state/city的顺序和state的顺序存放。这表示，即使在查询中只指定state值或只指定state和city的值，MySQL也可以利用索引。

MySQL不能使用不涉及左前缀的搜索。例如，如果按city或zip进行搜索，则不能使用该索引。如果要搜索某个state及某个zip代码（索引中的列1和列3），则此索引不能用于相应值的组合。但是，可利用索引来寻找与该state相符的行，以减少搜索范围。

5. 不要过度索引

不要以为索引“越多越好”，什么东西都用索引是错的。每个额外的索引都要占用额外的磁盘空间，并降低写操作的性能。在修改表的内容时，索引必须进行更新，有时可能需要重构，因此，索引越多，所花的时间越长。如果有一个索引很少利用或从不使用，会减缓表的修改速度。此外，MySQL在生成一个执行计划时，要考虑各个索引，这也要费时间。创建多余的索引给查询优化带来了更多的工作。索引太多，也可能会使 MySQL 选择不到所要使用的最好索引，只保留所需的有利于查询优化的索引。

如果想给已索引的表增加索引，应该考虑所要增加的索引是否是现有多列索引的最左索引。如果是，则就不要费力去增加这个索引了。

6. 考虑在列上进行的比较类型

索引可用于“ <”“ <=”“ =”“ >=”“ >”和 between 运算。在具有一个直接量前缀时，索引也用于 like 运算。如果只将某个列用于其他类型的运算时（如 strcmp( )），对其进行索引没有价值。

索引最重要的功能，是通过使用索引加速表的检索，但同时也存在弊端，如增加了存储的空间，使装载数据变慢。

索引是优化查询的最常用也是最有效的方法。一个数据表，尤其是容量很大的表，建立合适的索引，会使查询的速度大大提高。

5.3 事务

5.3.1 事务的基本概念

事务是由一系列的 SQL 语句组成的一个数据库操作序列，而这些操作是一个不可分割的逻辑工作单元。如果事务成功执行，那么该事务中所有的更新操作都会成功执行，并将执行结果提交到数据库中，成为数据库永久的组成部分。若事务中任何一条 SQL 语句执行操作失败，则事务所有操作均被撤销。如银行储蓄客户到银行办理取款业务，将完成 4 步操作：

① 输入正确密码。

② 减少储户剩余货币金额。

③ 生成取款流水记录存入数据表。

④ 取到设定的货币。

这四步任何一步出现错误，则整个交易过程全部回到取款的最初状态，只有四个步骤顺利完成，储户才能成功取到货币。

事务（Transaction）是并发控制的单位，是用户定义的一个操作序列。这些操作要么都做，要么都不做，是一个不可分割的工作单位。通过事务，数据库能将逻辑相关的一组操作绑定在一起，以便服务器保持数据的完整性。

事务通常是以 begin transaction 开始，以 commit 或 rollback 结束。commit 表示提交，即提交事务的所有操作。具体地说，就是将事务中所有对数据库的更新写回到磁盘上的物理数据库中去，事务正常结束。

rollback 表示回滚，即在事务运行的过程中发生了某种故障，事务不能继续进行，系统将事务中对数据库的所有已完成的操作全部撤销，回滚到事务开始的状态。

事务必须具备 4 个原则，即所谓的 ACID 的特性。

（1）原子性（Atomicity）

事务是数据库的逻辑工作单位，事务中包括的诸操作要么全做，要么全不做。

(2) 一致性 (Consistency)

事务执行的结果必须是使数据库从一个一致性状态变到另一个一致性状态。因此，当数据库只包含成功事务提交的结果时，就说数据库处于一致性状态。如果数据库系统运行中发生故障，有些事务尚未完成就被迫中断，这些未完成事务对数据库所做的修改有一部分已写入物理数据库，这时数据库就处于一种不正确的状态，或者说是不一致的状态。一致性与原子性是密切相关的。

(3) 隔离性 (Isolation)

隔离性是当多个用户并发访问数据库时，比如操作同一张表时，数据库为每一个用户开启事务，多个并发事务之间要相互隔离。一个事务的执行不能被其他事务干扰。即要达到这么一种效果：对于任意两个并发的事务 T1 和 T2，在事务 T1 看来，T2 要么在 T1 开始之前就已经结束，要么在 T1 结束之后才开始，这样每个事务都感觉不到有其他事务在并发地执行。即不能被其他事务的操作所干扰。

(4) 持续性/永久性 (Durability)

一个事务一旦提交，它对数据库中数据的改变就应该是永久性的。如遇到突发情况，事务能够保证在服务器重启后仍是完整的。

5.3.2 事务提交与回滚

事务是由一组 SQL 语句构成的，它由一个用户输入，并以修改成持久的或者回滚到原来的状态而终结。系统默认自动提交事务，关闭自动提交的命令是：set@ @ autocommit = 0;，而开启自动提交的命令是：set@ @ autocommit = 1;。

1. 开始事务

当一个应用程序的第 1 条 SQL 语句或者在 commit 或 rollback 语句后的 1 条 SQL 语句开始，就开始了一个新的事务，也可以使用 start transaction 语句启动一个事务。格式为：

```
start transaction |begin work
```

2. 提交事务

MySQL 有两种提交的方式：

① 显示提交：使用 commit 命令显示自上一次提交后到该命令处的所有 SQL 语句。

② 隐式提交：在 MySQL 中，更新语句、数据定义语句和权限管理语句是隐式提交的。

更新语句有：begin、start transaction、rename table、truncate table 等。

数据定义语句 (create、alter、drop) 有：create database、alter table 、drop view 等。

权限管理和账户管理语句：grant、set password、create user、drop user 等。为了有效地提交事务，尽量使用显示提交。

【例 5.8】使用 MySQL 自动提交功能，向数据表 departments 中插入一条部门信息，并查看结果。

代码如下：

```
mysql > select * from departments;
+-----+--------+---------+
|dno |dname |dloc |
+-----+--------+---------+
|1   |销售部 |长春  |
|2   |财务部 |沈阳  |
|3   |开发部 |哈尔滨|
|4   |人事部 |北京  |
|5   |董事会 |北京  |
|6   |后勤部 |长春  |
+-----+--------+---------+
6 rows in set (0.00 sec)

mysql >insert into departments(dno,dname,dloc) values(7,'技术部','长春');
Query OK, 1 row affected (0.05 sec)

mysql > select * from departments;
+-----+--------+---------+
|dno |dname |dloc |
+-----+--------+---------+
|1   |销售部 |长春  |
|2   |财务部 |沈阳  |
|3   |开发部 |哈尔滨|
|4   |人事部 |北京  |
|5   |董事会 |北京  |
|6   |后勤部 |长春  |
|7   |技术部 |长春  |
+-----+--------+---------+
```

3. 回滚事务

撤销整个事务，数据恢复到事务开始时候的状态。语句为：rollback。

【例 5.9】关闭 MySQL 自动提交功能，向数据表 departments 中插入一条部门信息，并使用 rollback 命令回滚事务。查看回滚前后数据表数据的变化。

代码如下：

```
mysql > set autocommit =0;
Query OK, 0 rows affected (0.00 sec)

mysql > start transaction;
Query OK, 0 rows affected (0.00 sec)
```

```
mysql > insert into departments(dno,dname,dloc) values (8,'策划部',
        '北京');
Query OK, 1 row affected (0.00 sec)

mysql > select * from departments;
+-----+--------+---------+
|dno  |dname   |dloc     |
+-----+--------+---------+
|1    |销售部  |长春     |
|2    |财务部  |沈阳     |
|3    |开发部  |哈尔滨   |
|4    |人事部  |北京     |
|5    |董事会  |北京     |
|6    |后勤部  |长春     |
|7    |技术部  |长春     |
|8    |策划部  |北京     |
+-----+--------+---------+
8 rows in set (0.00 sec)

mysql > rollback;
Query OK, 0 rows affected (0.07 sec)

mysql > select * from departments;
+-----+--------+---------+
|dno  |dname   |dloc     |
+-----+--------+---------+
|1    |销售部  |长春     |
|2    |财务部  |沈阳     |
|3    |开发部  |哈尔滨   |
|4    |人事部  |北京     |
|5    |董事会  |北京     |
|6    |后勤部  |长春     |
|7    |技术部  |长春     |
+-----+--------+---------+
7 rows in set (0.00 sec)
```

在事务中向数据表中插入一条部门信息后，数据表中已经正确存入第8条数据，事务回滚后，再次查询数据表时，数据已经回到事务开始之前，不存在第8条数据。

5.3.3 保存点

保存点可以实现事务的“部分”提交或部分回滚。可以使用“savepoint 保存点名;”语句创建保存点。然后执行“rollback to 保存点名;”语句回滚到已经设置的保存点，而不是回滚到事务的起点。值得注意的是，回滚到保存点仅仅让数据库回到事务中的某一个“一致性”状态。该状态并没有将更新回滚，也没有提交，事务结束必须用 commit 或 rollback 命令。

【例 5.10】关闭 MySQL 自动提交功能，向数据表 departments 中插入一条部门信息后，设置保存点，再次插入 2 条测试数据，再使用 rollback 命令回滚到保存点。最后提交事务，查看各个步骤数据表数据的变化。

代码如下：

```
mysql > insert into departments(dno,dname,dloc) values (8,'策划部','北京');
Query OK, 1 row affected (0.00 sec)

mysql >savepoint p;

mysql > insert into departments(dno,dname,dloc) values (9,'外联部','北京');
Query OK, 1 row affected (0.00 sec)

mysql > insert into departments(dno,dname,dloc) values (10,'信息部','北京');
Query OK, 1 row affected (0.00 sec)

mysql > select * from departments;
+-----+--------+---------+
|dno  |dname   |dloc     |
+-----+--------+---------+
|1    |销售部  |长春     |
|2    |财务部  |沈阳     |
|3    |开发部  |哈尔滨   |
|4    |人事部  |北京     |
|5    |董事会  |北京     |
|6    |后勤部  |长春     |
|7    |技术部  |长春     |
|8    |策划部  |长春     |
|9    |外联部  |北京     |
|10   |信息部  |北京     |
10 rows in set (0.00 sec)

mysql >rollback to savepoint p;
```

```
mysql > select * from departments;
+-----+--------+---------+
|dno |dname |dloc |
+-----+--------+---------+
|1   |销售部 |长春   |
|2   |财务部 |沈阳   |
|3   |开发部 |哈尔滨|
|4   |人事部 |北京   |
|5   |董事会 |北京   |
|6   |后勤部 |长春   |
|7   |技术部 |长春   |
|8   |策划部 |长春   |

mysql > commit;
Query OK, 0 rows affected (0.05 sec)
```

小　结

视图是指计算机数据库中的视图，是一个虚拟表，其内容由查询定义。同真实的表一样，视图包含一系列带有名称的列和行数据。但是，视图并不在数据库中以存储的数据值集形式存在。行和列数据来自由定义视图的查询所引用的表，并且在引用视图时动态生成。

视图一经定义，便存储在数据库中，与其相对应的数据并没有像表那样又在数据库中再存储一份，通过视图看到的数据是存放在基本表中的数据。对视图的操作与对表的操作一样，可以对其进行查询、修改（有一定的限制）、删除。

当对通过视图看到的数据进行修改时，相应的基本表的数据也要发生变化，同时，若基本表的数据发生变化，则这种变化也可以自动地反映到视图中。

索引用于快速找出在某个列中有一特定值的行。不使用索引，MySQL 必须从第 1 条记录开始读完整的表，直到找出相关的行。表越大，查询数据所花费的时间越多。如果表中查询的列有一个索引，MySQL 能快速到达一个位置去搜寻数据文件，而不必查看所有数据。本项目中详细介绍了索引相关知识，包括索引的含义和特点、索引的分类、索引的设计原则及如何创建和删除索引。

MySQL 事务主要用来处理数据量大、数据复杂度高的数据操作。事务指逻辑上的一组操作，组成这组操作的各个单元，要么全成功，要么全不成功。事务的特性分别是原子性、一致性、隔离性和持久性。事务的提交方式有两种，分别是自动提交和手动提交，默认是自动提交模式。

综合实训 5

一、实训目的

1. 掌握视图的作用及使用。

2. 掌握索引的作用。

3. 掌握事务的作用及使用。

二、实训内容

在 stuMIS 数据库中完成以下操作：

1. 创建视图 v_score，显示学号、姓名、课程号、课程名、成绩。

2. 创建视图 v_avgscore，显示课程编号、课程名称、平均成绩。

3. 创建视图 v_sex，显示每个班级的男、女生人数。

4. 为班级表（class）中的班级名称（classname）列创建一个前 4 个字符唯一索引，以加快查询速度。

说明：在测试数据中，前 4 条数据的前 4 个字符都是“软件中软”，故该检索长度必须大于 4，具体设置应根据实际情况设定。

5. 创建视图 v_stu，显示学号、姓名、班级名称、系部名称。

思考与练习 5

1. 视图的作用是什么？

2. 视图和基本表的主要区别是什么？

3. 什么是索引？使用索引的意义是什么？

4. 索引的分类有哪几种？

5. 结束事务的标志是什么？

6. 事务的提交和回滚是什么？

7. 事务的特性是什么？

项目6　数据库编程

学习目标

在前几个项目中介绍的SQL命令的执行方式都是每次执行一条，为了提高操作效率，有时需要将多条命令组合在一起一次性执行，而且这样的程序需要重复多次使用。本项目通过了解MySQL中常量、变量的定义与使用，自定义函数、存储过程的定义及使用方法，触发器的定义及触发机制，使学生掌握三种数据库对象的作用和实际应用。

存储程序可以分为存储过程和函数，MySQL中创建存储过程和函数使用的语句分别是：create procedure和create function。使用call语句来调用存储过程，只能用输出变量返回值。函数可以从语句外调用（即通过引用函数名），也能返回标量值。存储过程也可以调用其他存储过程。存储过程和函数就是一般编程语言中的自定义函数，而在存储程序中都会用到常量以及变量。

6.1　常量和变量

6.1.1　常量

MySQL中的常量主要分为数值型常量、字符串常量、日期时间常量、布尔型常量。

1. 数值型常量

MySQL支持整型和浮点型的数值型常量。

整型常量即不带小数点的十进制常量，如10，+35，100，-220等。

浮点型常量由一个阿拉伯数字序列、一个小数点和另一个阿拉伯数字序列组成，两个阿拉伯数字序列可以分别为空，但不能同时为空，如3.14，.14，0.，0.5E2。

MySQL支持十六进制数值，以十六进制形式表示的整数由“0x”后跟一个或多个十六进制数字（由0~9及a~f）组成。如0x0a为十进制的10，而0xffff为十进制的65535。十六进制数据不区分大小写，即0x0a和0x0A都是合法数据，而0X0a和0XA为不合法数据。

【例6.1】执行如下语句，分别输出整型常量3254、浮点型常量3.1415926及十六制常量0xffff。

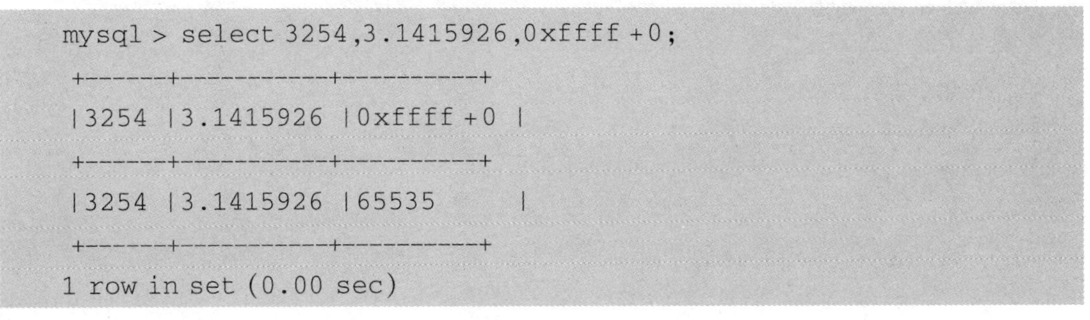

```
mysql > select 3254,3.1415926,0xffff +0;
+------+-----------+----------+
|3254 |3.1415926 |0xffff +0 |
+------+-----------+----------+
|3254 |3.1415926 |65535     |
+------+-----------+----------+
1 row in set (0.00 sec)
```

注意，对于十六进制数据，在数字上下文，表现类似一个 64 位精度的整数；在字符串上下文，表现为一个二进制字符串，每一对十六进制数字被变换为一个字符。

2. 字符串常量

字符串是指用单引号或双引号括起来的字符序列，如‘hello world’、“你好世界”，每个汉字字符使用 2 个字节存储，而每个 ASCII 码字符用一个字节存储。

在字符串中不仅可以使用普通的字符，也可以使用特殊字符如换行、单引号、反斜线等，但如果要使用特殊字符，需要使用转义字符，每个特殊字符以一个反斜杠（“\”）开始，指出后面的字符使用转义字符来解释，而不是普通字符，参看“表 4－5 MySQL 中的转义字符”，示例如下：

【例 6.2】输出带引号的字符串。

```
mysql > select '\"welcome to\" \'changxin\'';
+--------------------------+
| "welcome to" 'changxin' |
+--------------------------+
| "welcome to" 'changxin' |
+--------------------------+
1 row in set (0.00 sec)
```

3. 日期时间常量

日期时间常量由单引号将表示日期时间的字符串括起来构成。日期型常量包括年、月、日，数据类型为 date，表示为“1900－05－20”这样的值。时间型常量包括小时数、分钟数、秒数及微秒数，数据类型为 time，表示为“13:20:42.00012”这样的值。MySQL 还支持日期/时间的组合，数据类型为 datetime 或 timestamp，如：“1999－06－18 13:20”。datetime 和 timestamp 的区别在于：datetime 的年份在 1000～9999 之间，而 timestamp 的年份在 1970～2037 之间，而且在插入微秒的日期时间时将微秒忽略。timestamp 还支持时区，即在不同时区转换为相应的时间。

需要特别注意的是，MySQL 是按“年－月－日”的顺序表示日期的，中间的间隔符“－”也可以使用如“\”或“%”等特殊符号。

4. 布尔型常量

布尔值只包含两个值：true 和 false。false 的数字值为“0”，true 的数字值为“1”。

【例 6.3】获取布尔常量 true 和 false 的值。

```
mysql > select true,false;
+------+-------+
| TRUE | FALSE |
+------+-------+
|1 |0 |
+------+-------+
1 row in set (0.00 sec)
```

6.1.2　变量

变量用于临时存放数据，变量中的数据随着程序的运行而变化。变量有变量名及数据类型两个属性，变量名用于标识该变量，变量的数据类型确定了该变量存储值的格式及允许的运算。MySQL 中根据变量的定义方式，可分为用户变量、局部变量和系统变量。

1. 用户变量

用户可以在表达式中使用自己定义的变量，这样的变量叫作用户变量。用户可以先在用户变量中保存值，然后在程序中引用它，这样可以将值从一个语句传递到另一个语句。在使用用户变量前必须定义及初始化，如果变量没有被初始化，其值为 null。

用户变量与连接有关，一个客户端定义的变量不能被其他客户端看到或使用，当客户端退出时，该客户端连接的所有变量将自动释放。

定义和初始化一个变量可以使用 set 语句。

语法格式为：

```
set @ 用户变量 = 表达式;
```

语法说明：

① @ 符号放在用户变量名前，用于与字段名称相区别。

② 用户变量为用户自定义的变量名，变量名由字符、数字、“.”、“_”和“$”组成。当变量名中需要包含特殊符号时，可以使用双引号或单引号括起来。可以同时定义多个用户变量，它们之间使用逗号进行分隔，最后以分号结束。

③ 表达式用于给用户变量赋值，可以是常量、变量或表达式。

④ 用户变量的数据类型是根据其后的赋值表达式的值自动分配的。

【例 6.4】创建用户变量 t1，赋值为 100，t2 赋值为“test”，t3 赋值为“中国”。

```
mysql > set @ t1 =100,@ t2 = "test",@ t3 = "中国";
Query OK, 0 rows affected (0.04 sec)
```

【例 6.5】创建用户变量 v1，赋值为 10，用户变量 v2 的值为 v1 的值加 5。

```
mysql > set @ v1 =10,@ v2 =@ v1 +5;
Query OK, 0 rows affected (0.03 sec)
```

【例 6.6】创建用户变量 sid，赋值为 1523105，根据 sid 的值查询显示该学号对应的学号及成绩信息。

```
mysql > set @ sid = '1523105 ';select stuid,score from score where
        stuid =@ sid;
Query OK, 0 rows affected (0.00 sec)
```

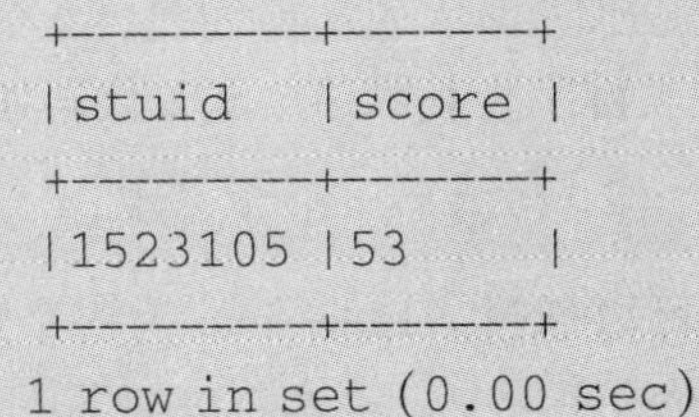

```
+---------+-------+
|stuid    |score  |
+---------+-------+
|1523105  |53     |
+---------+-------+
1 row in set (0.00 sec)
```

提示：

① 在 select 语句中，表达式发送到客户端后才进行计算。在 having、group by 及 order by 子句中，不能使用包含在 select 列表中所设的变量表达式。

② 也可以使用 SQL 语句代替 set 语句来给用户变量赋值，但此时不能使用“ = ”，而应该使用“ : = ”，因为在非 set 语句中，“ = ”为比较运算符。

【例 6.7】使用 SQL 语句为变量赋值。

```
mysql > select @ a: =(@ a: =3.14) +2;
+------------------+
|@ a: =(@ a: =3.14) +2 |
+------------------+
|                5.14 |
+------------------+
1 row in set (0.01 sec)
```

在上面的 SQL 语句中，先执行@ a: =3. 14 给变量@ a 赋值，然后再加 2，再将结果赋值给@ a。

2. 局部变量

MySQL 中的局部变量只可以在存储程序（函数、触发器、存储过程及事件中）中使用，一般定义在存储程序的 begin…end 语句块之间。

局部变量定义语法格式为：

```
declare 变量名  数据类型 default 默认值;
```

说明：

① declare 是用于定义局部变量所使用的关键字。

② 变量名要符合标识符的命名规则。

③ 数据类型为 MySQL 中的数据类型，如 int、char、varchar 等数据类型。

④ 在定义变量的同时可以通过 default 关键字指定默认值。

⑤ 可以同时定义多个变量，多个变量之间使用逗号进行分隔。

⑥ 如果没有指定默认值，变量的初始值为 null。

定义局部变量 v1，数据类型为 int 并指定初始值为 100，SQL 代码如下：

```
mysql > declare v1 int default 100;
```

定义变量之后，为变量赋值可以改变变量的默认值，在 MySQL 中使用 set 语句可以为变量赋值，其语法格式为：

```
set 变量名 =表达式或值;
```

定义局变量 v1，v2，v3 类型均为 int 类型，并通过 set 关键字为其赋值，SQL 代码如下：

```
mysql > declare v1,v2,v3 int;set v1 =10,v2 =20;set v3 =v1 +v2;
```

除了可以使用 set 语句为变量赋值外，在 MySQL 中还可以通过 select…into 为一个或多个变量赋值，该语句可以把选定的字段直接存储到对应位置的变量中，具体语法如下：

```
select 字段名称 into 变量名 from 表名;
```

说明：

① 字段名称为查询数据表中的列名称，多个字段名称之间使用逗号进行分隔。

② 变量名为局部变量名称，多个变量之间使用逗号进行分隔。

声明变量 empname，查询员工表，将员工表1001号的员工姓名存储到变量 empname 中。SQL 代码如下：

```
mysql > declare name varchar(10);
    select ename into empname from employees where eno =1001;
```

3. 系统变量

系统变量是 MySQL 的一些特殊设置。当 MySQL 数据库服务启动时，这些设置被引入并初始化为默认值，这些设置即为系统变量。

【例6.8】获得 MySQL 的版本号。

```
mysql > select @ @ version;
+-----------+
|@ @ version |
+-----------+
|5.6.24     |
+-----------+
1 row in set (0.00 sec)
```

大多数系统变量在使用时，必须在名称前加两个“@ @”符号才能正确返回该变量的值。而为了与其他 SQL 产品保持一致，在某些特定的系统变量是要省略两个“@ @”符号，如 current_date（系统日期）、current_time（系统时间）、current_timestamp（系统日期和时间）和 current_user（SQL 用户名称）。

【例6.9】获取当前用户名称及系统当前时间。

```
mysql > select current_user,current_time;
+----------------+-------------+
|current_user    |current_time |
+----------------+-------------+
|root@ localhost |21:50:44     |
+----------------+-------------+
1 row in set (0.02 sec)
```

MySQL 中系统变量有很多，使用 show variables 语句可以得到系统变量的清单。

【例6.10】查看 MySQL 系统变量。

```
mysql > show variables;
```

6.2 流程控制语句

MySQL 提供了简单的流程控制语句，其中包括条件控制语句及循环语句。这些流程控制语句通常放在 begin…end 语句块中使用。

条件控制语句分为两种：一种是 if 语句，另一种是 case 语句。

6.2.1 条件控制语句

1. if 语句

if 语句用来进行条件判断，根据不同的条件执行不同的操作。

语法格式为：

```
if 条件表达式1 then 语句块1;
elseif 条件表达式2 then 语句块2;
…
else 语句块n;
end if;
```

在执行该语句时，首先判断 if 后的条件是否为真，如果为真，则执行 then 后的语句块，结束 if 语句的执行；如果为假，则继续判断 elseif 后的条件是否为真，如果为真，则执行 then 后的语句块，结束 if 语句的执行……当条件都为假时，则执行 else 语句后的内容，如图 6－1 所示。

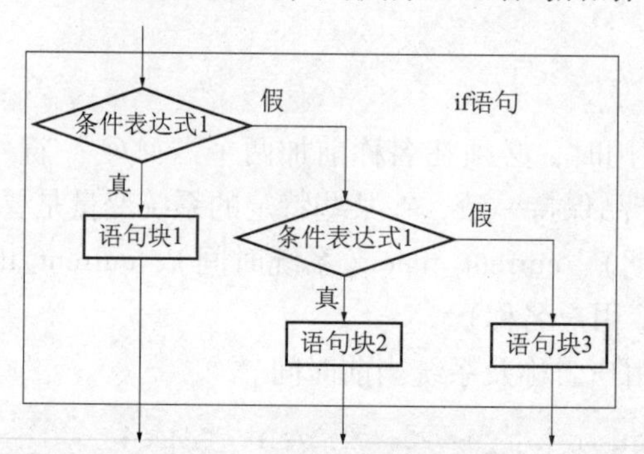

图 6－1 if 语句的程序流程图

说明：需要注意的是，if 语句都使用 end if 来结束，最后以分号结束。

【例 6.11】定义用户变量 score 并赋初值，根据 score 的值判断该成绩的等级，成绩 90～100 为优秀，80～89 为良好，70～79 为中等，60～69 为及格，59 以下为不及格。

```
set @ a =80,@ b;
if @ a > =90 then set @ b ='优秀';
elseif @ a > =80 then set @ b ='良好';
elseif @ a > =70 then set @ b ='中等';
elseif @ a > =60 then set @ b ='及格';
else set @ b ='不及格';
end if;
select @ b;
```

2. case 语句

case 语句是另一个进行多条件判断的语句，用于存储程序中，语法格式如下：

```
case 表达式
    when 值1 then 语句序列1
    when 值2 then 语句序列2…
    else 语句序列n
end case
```

或者

```
case
    when 条件1 then 语句序列1
    when 条件2 then 语句序列2…
    else 语句序列n
end case
```

【例6.12】根据数字0~6分别输出星期一至星期日，第一种形式。

```
declare weekno int;
declare week varchar(20);
case weekno
    when 0 then set week = '星期一';
    when 1 then set week = '星期二';
    when 2 then set week = '星期三';
    when 3 then set week = '星期四';
    when 4 then set week = '星期五';
    when 5 then set week = '星期六';
    when 6 then set week = '星期日';
end case;
```

【例6.13】根据数字0~6分别输出星期一至星期日，第二种形式。

```
declare weekno int;
declare week varchar(20);
case
    when weekno  =0 then set week = '星期一';
    when weekno  =1 then set week = '星期二';
    when weekno  =2 then set week = '星期三';
    when weekno  =3 then set week = '星期四';
    when weekno  =4 then set week = '星期五';
    when weekno  =5 then set week = '星期六';
    when weekno =6 then set week = '星期日';
end case;
```

6.2.2 循环语句

MySQL 提供了三种循环语句，分别是 while、repeat 及 loop。除此以外，MySQL 还提供了 iterate 语句及 leave 语句用于循环的内部控制。

1. while 语句

while 语句的语法格式如下：

```
[循环标签]while 条件表达式 do
    循环体;
end while[循环标签];
```

说明：

① while 循环，当条件表达式为 true 时，反复执行循环体，直到条件表达式的值为 false 时结束循环，执行过程如图 6-2 所示。

② end while 后必须以分号结束。

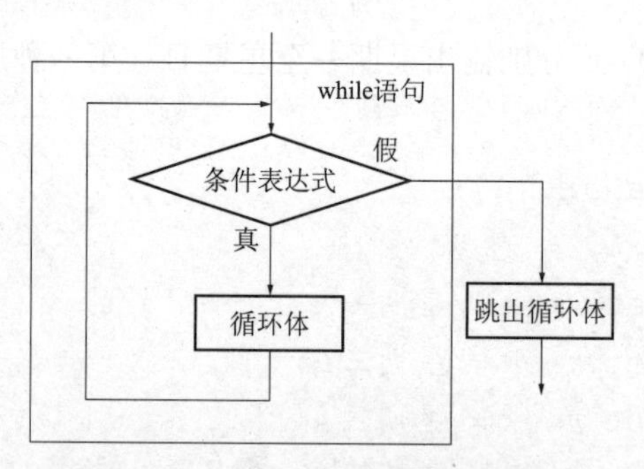

图 6-2 while 语句的程序流程图

【例 6.14】利用程序控制语句，实现求 1+2+…+100 之和。

```
declare sum int default 0;
declare i int default 1 ;
while i < =100 do
    set sum = sum + i;
    set i = i +1;
end while;
```

2. leave 语句

leave 语句用于跳出当前循环，语法格式如下：

```
leave 循环标签;
```

说明：leave 循环标签后，必须以“;”结束。

【例 6.15】利用程序控制语句，实现求 1+2+…+100 之和，其中 add_sum 为循环标签。

```
declare sum int default 0;
declare i int default 1;
add_sum:while true do
    set sum = sum + i;
    set i = i + 1;
    if(i = 101) then
        leave add_sum;
    end if;
end while add_sum;
```

3. iterate 语句

iterate 语句用于跳出本次循环，继而进行下次循环。iterate 语句的语法格式如下：

```
iterate 循环标签;
```

说明：iterate 循环标签后必须以分号结束。

【例 6.16】利用程序控制语句，实现求 1 + 2 + … + 100 的偶数之和，其中 add_sum 为循环标签。

```
declare sum int default 0;
declare i int default 0;
add_sum:while true do
    set i = i + 1;
    if(i = 101) then
        leave add_sum;
    end if;
    if(i % 2 ! = 0) then
        iterate add_sum;
  end if;
end while add_sum;
```

4. repeat 语句

在循环语句中，当条件表达式的值为 false 时，反复执行循环，直到条件表达式的值为 true，repeat 语句的语法格式如下：

```
[循环标签:]repeat
    循环体;
until 条件表达式
end repeat[循环标签];
```

【例 6.17】利用程序控制语句，实现求 1 + 2 + … + 100 之和。

```
declare sum int default 0;
declare i int default 1;
repeat
    set sum = sum + i;
    set i = i +1;
until i >100
end repeat;
```

5. loop 语句的语法格式

```
[循环标签:]loop
    循环体;
if 条件表达式 then
    leave [循环标签];
end if;
end loop;
```

说明：

① 由于 loop 循环语句本身没有停止循环的语句,因此 loop 通常使用 leave 语句跳出 loop 循环。

② end loop 后必须以分号结束。

【例 6.18】利用程序控制语句，实现求 1 + 2 + … + 100 之和，其中 add_sum 为循环标签。

```
declare sum int default 0;
declare i int default 1;
add_sum:loop
    set sum = sum + i;
    set i = i +1;
    if(i >100) then
        leave add_sum;
    end if;
end loop;
```

6.3 重置命令结束标记

在 MySQL 中，服务器处理语句时是以分号为结束标志的，但是在创建存储过程时，存储过程体中可能包含多个 SQL 语句，每个 SQL 语句都是以分号结尾的，这个时候服务器处理程序遇到第 1 个分号会认为程序结束，导致程序不能正常执行，此时可以使用 delimiter 命令将 MySQL 语句结束符标志修改为其他符号。语法格式：

```
delimiter //;
```

语法说明：//是用户定义的结束符，通常该符号可以是一些特殊符号，如：2 个‘#’

或两个“ $”，如果想要恢复使用分号“;”作为结束符，只需要运行以下命令即可：

```
delimiter ;
```

6.4　自定义函数

计算机函数是一个固定的程序段，或称其为一个子程序，它在可以实现固定运算功能的同时，还带有一个入口和一个出口。所谓的入口，就是函数所带的参数，可以通过这个入口把函数的参数值代入子程序，供计算机处理；所谓出口，就是指函数的返回值，在计算机求得之后，由此口带回给调用它的程序。

MySQL自身提供了大量的内置函数，这些函数的存在给日常开发和数据操作带来了极大的便利，比如前面提到过的聚合函数sum()、avg() 及日期时间函数等，但是数据管理中总会出现系统函数无法完成的其他需求。因此需要通过自定义函数的功能自己来解决这种需求。

函数的特点：

① 函数没有输出参数，因为存储函数本身就是输出参数；

② 函数在SQL语句中直接调用；

③ 函数中必须包含一条return语句。

6.4.1　自定义函数的创建

在MySQL中创建自定义函数的语法如下：

```
create function 函数名(参数列表)
    returns 返回值类型
    函数体
```

语法说明：

函数名：合法的标识符，并且不能与已有的关键字或数据库对象冲突。一个函数应该属于某数据库，可以使用db_name.function_name的形式执行指定数据库中的函数，否则默认为当前数据库。

参数列表：可以有零个或者多个函数参数。对于每个参数，由参数名和参数类型组成。

返回值类型：指明返回值类型。

函数体：自定义函数的函数体由多条可用的MySQL语句、流程控制、变量声明等语句构成。函数体中一定要含有return返回语句。

【例6.19】创建一个自定义函数f_hello()，无参数，函数返回“hello，I am Jenny!”。

```
use empmis;
delimiter //
create function f_hello() returns varchar(20)
begin
    return 'hello,I am Jenny';
end//
delimiter ;
```

6.4.2 自定义函数的应用

自定义函数的应用与系统函数一样，通过函数名传递参数即可调用。例 6－19 中 f_hello( ) 函数的调用如下：

```
mysql > select f_hello();
+------------------+
|f_hello()         |
+------------------+
|hello,I am Jenny  |
+------------------+
1 row in set (0.00 sec)
```

【例 6.20】在 stuMIS 数据库中创建一个函数 f_Isjg( )，包含一个数值类型参数，函数体内判断输入成绩值是否及格，并查询学号为 1511102 的学生成绩是否及格。

```
use stumis;
delimiter //
create function f_Isjg(s float) returns varchar(10)
begin
    declare r varchar(10);
    if(s > =60) then
        set r = "及格";
    else
        set r = "不及格";
    end if;
    return (r);
end//
delimiter ;
```

测试结果如下：

```
mysql > select stuid,cid,f_Isjg(score) as score from score where
        stuid = '1511102';
+---------+-------+-------+
|stuid    |cid    |score|
+---------+-------+-------+
|1511102 |30106 |及格   |
|1511102 |30214 |及格   |
+---------+-------+-------+
2 rows in set (0.00 sec)
```

【例 6.21】基于数据库 stuMIS 中的学生表（student）中年龄列定义一个函数 f_Iscn( )，函数有一个整型参数，根据给定的年龄值，返回该学生是否成年。

```
use stumis;
delimiter //
create function f_Iscn(age int) returns varchar(10)
begin
    declare s varchar(10);
    if(age > =18) then
        set s = "成年";
    else
        set s = "未成年";
    end if;
    return (s);
end//
delimiter ;
```

【例6.22】基于数据库stuMIS中的学生成绩表（score）的成绩列，定义一个函数f_Dengji()，函数有一个数值类型的参数，返回成绩对应的等级（A、B、C、D、E、F）。

```
use stumis;
delimiter //
create function f_Dengji(n float) returns varchar(4)
begin
    if(n >100 || n <0) then
        return 'F';
    elseif(n > =90) then
        return 'A';
    elseif(n > =80) then
        return 'B';
    elseif(n > =70) then
        return 'C';
    elseif(n > =60) then
        return 'D';
    else
        return 'E';
    end if ;
end//
delimiter ;
```

【例6.23】基于数据库stuMIS中的学生表（student）的班级编号列，定义一个函数f_getCount()，函数有一个字符类型的参数，根据给定的班级编号返回学生人数。

```
use stumis;
delimiter //
create function f_getCount(cid varchar(10)) returns int
begin
    declare n int;
    select count(stuid) into n from student where classid = cid ;
    return n;
end//
delimiter ;
```

6.5 自定义存储过程

存储过程是数据库开发者在数据转换或查询时经常使用的一种方式，是在数据库服务器端执行的SQL语句的集合。简单SQL语句在执行的时候需要先编译，然后执行。而存储过程是一组为了完成特定功能的SQL语句集，经编译后存储在数据库中。用户通过指定存储过程的名字并给定参数来调用执行它。它能够向用户返回数据、向数据库表中写入和修改数据，还可以执行系统函数和管理操作。存储过程能够提高应用程序的处理能力，降低编写数据库应用程序的难度。同时还可以提高应用程序的效率。存储过程的处理非常灵活，允许用户使用声明的变量，还可以有输入/输出参数。返回单个或多个结果集。当希望在不同的应用程序或平台上执行相同的函数或者封装特定功能时，存储过程是非常有用的。存储过程通常有以下优点：

① 存储过程增强了SQL语言的功能和灵活性。存储过程可以用流控制语句编写，有很强的灵活性，可以完成复杂的判断和较复杂的运算。

② 存储过程允许标准组件编程。存储过程被创建后，可以在程序中被多次调用，而不必重新编写该存储过程的SQL语句。而且数据库专业人员可以随时对存储过程进行修改，对应用程序源代码毫无影响。

③ 存储过程能实现较快的执行速度。如果某一操作包含大量的Transaction－SQL代码或分别被多次执行，那么存储过程要比批处理的执行速度快很多。因为存储过程是预编译的，在首次运行一个存储过程时，查询优化器对其进行分析优化，并且最终被存储在系统表的执行计划中。而批处理的Transaction－SQL语句在每次运行时都要进行编译和优化，速度相对要慢一些。

④ 存储过程能够减少网络流量。针对同一个数据库对象的操作，如查询、修改，如果这一操作所涉及的Transaction－SQL语句被定义为存储过程，那么当在客户计算机上调用该存储过程时，网络中传送的只是该调用语句，从而大大降低了网络流量和网络负载。

⑤ 存储过程可被作为一种安全机制来充分利用。系统管理员通过对某一存储过程的执行权限进行限制，能够实现对相应数据访问权限的限制。避免了非授权用户对数据的访问，保证了数据的安全。

6.5.1 存储过程的创建

MySQL 创建存储过程使用 create procedure 语句实现，具体格式是：

```
create procedure 存储过程名([过程参数[,...]])
    [存储过程选项]
    过程体
```

语法说明：

存储过程名：存储过程名必须符合标识符命名规则，默认在当前数据库中创建，若要将其创建到其他数据库中，则需在存储过程名前添加数据库名。存储过程名在其所在的数据库中必须唯一。

存储过程的参数：一般由三部分组成。第一部分是输入输出类型，第二部分为参数名，第三部分为参数的类型，该类型为 MySQL 数据库中所有可用的字段类型，如果有多个参数，参数之间可以用逗号进行分割。

存储过程参数类型共有 3 种：

① in 类型参数：输入类型参数，表示向存储过程中传入参数，参数的值在调用存储过程时由调用程序给定。在存储过程中修改该参数的值不能被返回。默认为传入参数。即 in 可以省略。

② out 参数：输出类型参数，表示该参数可在存储过程内部被改变，可把存储过程计算后的结果带给调用程序。

③ inout 参数：输入/输出类型参数，表示该参数即可将调用程序的值传递给存储过程，又可被改变和返回。

注意，参数名字不可使用数据列字段名。

存储过程选项：设置存储过程的某些特征设定，可省略。

- comment 'string'：用于对存储过程的描述，其中 string 为描述内容，comment 为关键字。
- lanague SQL：指明编写这个存储过程的语言为 SQL 语言。这个选项可以不指定。
- deterministic：表示存储过程对同样的输入参数产生相同的结果；not deterministic，则表示会产生不确定的结果（默认）。
- contains sql | no sql | reads sql data | modifies sql data：表示存储过程包含读或写数据的语句（默认）。

no sql：表示不包含 SQL 语句。

reads sql data：表示存储过程只包含读数据的语句。

modifies sql data：表示存储过程只包含写数据的语句。

过程体：存储过程的主体部分，包含了在过程调用时必须执行的 SQL 语句。以 begin 开始，以 end 结束。如果存储过程体中只有一条 SQL 语句，可以省略 begin - end 标志。

【例 6.24】输入类型参数的应用，定义一个存储过程 proc_in，具有一个整型的输入类型参数，接收调用者传递的数值，并将其数值扩大 2 倍，并查看输入参数的值。

```
delimiter //
create procedure proc_in(in n int)
begin
    set n=n*2;
    select n;
end//
delimiter ;
```

【例 6.25】输出类型参数的应用，定义一个存储过程 proc_out，具有一个整型的输入类型参数和一个整型的输出类型参数，将输入参数的值扩大三倍后存入输出类型参数中。

```
delimiter //
create procedure proc_out (in m int ,out n int)
begin
    select n;
    set n=m*3;
end//
delimiter ;
```

【例 6.26】输入/输出类型参数应用，定义一个存储过程 proc_inout。具有一个整型的输入/输出类型参数，接收用户输入的整型数 n，并通过该参数将从 1 到 n 的和带回。

```
delimiter //
create procedure proc_inout (inout n int)
begin
    declare sum,i int;
    set i=1;
    set sum=0;
    while i<=n do
        set sum=sum+i;
        set i=i+1;
    end while;
    set n=sum;
end//
delimiter ;
```

6.5.2 存储过程的调用

存储过程创建后，在应用程序或其他存储过程中可以被多次调用。调用时使用的是 call 语句。具体语句格式为：

```
call 存储过程名([参数列表]);
```

语法说明：

存储过程名：存储过程名必须是一个已经存在的存储过程。可以通过在存储过程名前添加数据库限定名，调用其他数据库中的存储过程，从而访问其他数据库中的数据。

参数：调用存储过程语句时的参数与定义存储过程时的参数个数和类型应一致。

【例6.27】调用例6.24定义的存储过程proc_in。

问题分析：

in类型参数只能将值带入存储过程，无法带出存储过程中计算后得到的值，定义局部变量p在存储过程外赋值为5，通过调用存储过程将p值传递给存储过程参数n，在存储过程内部n的值被改变，而p的值不发生变化。

```
mysql > set @ p =5;   --设置 p 的初始值为 5
Query OK, 0 rows affected (0.00 sec)
mysql > call proc_in(@ p);   --调用存储过程,将局部变量的值传递给参数 n
+------+      --存储过程内参数 n 的值被修改
|n    |
+------+
|10   |
+------+
1 row in set (0.00 sec)
Query OK, 0 rows affected (0.01 sec)
mysql > select @ p; --存储过程外局部变量 p 的值不变
+------+
|@ p |
+------+
|5    |
1 row in set (0.00 sec)
```

【例6.28】调用例6.25定义的存储过程proc_out。

问题分析：

输入类型参数只能将数据从存储过程外带入存储过程，而输出类型参数，只能将存储过程内处理获得的数据带给调用者。外部局部变量p的值传给in类型变量m，无论m值如何变化，外部变量p的值不发生变化。变量q的初始值10传给存储过程输出参数n，在存储过程内部，n的初始值是null，执行语句，n的值被改变，则局部变量q的值随之发生变化。

执行结果如下：

```
mysql > set @ p =100,@ q =10;
Query OK, 0 rows affected (0.00 sec)

mysql > select @ p,@ q;
+------+------+
|@ p |@ q |
+------+------+
```

```
|100 |10 |
+------+------+
1 row in set (0.00 sec)

mysql > call proc_out(@ p,@ q);
+------+
|n    |
+------+
|NULL|
+------+
1 row in set (0.00 sec)
Query OK, 0 rows affected (0.00 sec)

mysql > select @ p,@ q;
+------+------+
|@ p  |@ q|
+------+------+
|100  |300|
+------+------+
1 row in set (0.00 sec)
```

【例 6.29】调用例 6.26 定义的存储过程 proc_inout。

问题分析:

inout 类型参数既能从外部程序带入参数值，也能将存储过程的计算结果返回给调用者。

外部局部变量 p 的值传给存储过程参数 n，在存储过程内部执行语句，n 的值被改变，外部变量 p 的值也随之发生变化。

执行结果如下:

```
mysql > set @ p =5;
Query OK, 0 rows affected (0.00 sec)

mysql > call proc_inout(@ p);
Query OK, 0 rows affected (0.00 sec)

mysql > select @ p;
+------+
|@ p |
+------+
|15   |
+------+
1 row in set (0.00 sec)
```

【例6.30】定义存储过程，实现删除指定部门名称的部门信息，并调用。

```
create procedure proc_deldepart (pdname varchar(30))
    delete from departments where dname = pdname;

mysql > call proc_deldepart('技术部');
Query OK, 1 row affected (0.05 sec)

mysql > select * from departments;
+-----+--------+---------+
|dno  |dname   |dloc     |
+-----+--------+---------+
|1    |销售部  |长春     |
|2    |财务部  |沈阳     |
|3    |开发部  |哈尔滨   |
|4    |人事部  |北京     |
|5    |董事会  |北京     |
|6    |后勤部  |长春     |
|8    |策划部  |长春     |
+-----+--------+---------+
7rows in set (0.00 sec)
```

说明：

该存储过程有一个输入类型参数，关键字 in 省略。过程体只包括一个查询语句，省略 begin…end。

【例6.31】定义存储过程，显示所有员工的部门名称、员工编号、员工姓名和员工职位，并调用。

```
create procedure proc_emp ()
select dname,eno,ename,ejob from departments,employees
where departments.dno = employees.deptno;

mysql > call proc_emp();
```

说明：该存储过程无参数，调用时一对圆括号可省略。

【例6.32】定义存储过程，返回所有员工数量，并调用。

方法一：使用输出参数带回所需的值

```
create procedure proc_count(out n int )
    select count( * ) into n from employees ;
--调用
mysql > set @ n =0;
Query OK, 0 rows affected (0.02 sec)
```

```
mysql > call proc_count(@ n);
Query OK, 0 rows affected (0.06 sec)

mysql > select @ n;
+------+
|@ n |
+------+
|18  |
+------+
1 row in set (0.00 sec)
```

说明：

参数类型为 out，存储过程将查询结果通过参数 n 返回给调用程序。

方法二：

```
create procedure proc_count(     )
    select count( * ) from employees ;

 -- 调用
mysql > call proc_count();
+----------+
|count( * ) |
+----------+
|       18 |
+----------+
1 row in set (0.00 sec)
Query OK, 0 rows affected (0.00 sec)
```

说明：方法二执行存储过程直接返回一个结果集，集合中只有一行一列。

【例 6.33】根据给定的部门名称显示该部门员工数量。

```
create procedure proc_depcount(pdname varchar(30))
    select count( employees.eno),dname from departments,employees
    where departments.dno = employees.deptno
    group by dname having dname = pdname;
 -- 调用
mysql > call proc_depcount('销售部');
+---------------------+--------+
|count( employees.eno) |dname |
+---------------------+--------+
|                   5 |销售部 |
+---------------------+--------+
1 row in set (0.00 sec)
```

【例6.34】根据部门名称显示所有该部门员工信息，并返回该部门人数。

```
delimiter //
create procedure proc_empbyDepart( in pname varchar(30),out n int)
begin
select employees. * ,dname from departments,employees
where departments.dno = employees.deptno and dname = pname;
select count( * ) into n from departments,employees
where departments.dno = employees.deptno and dname = pname;
end //
delimiter ;
```

说明：

第一个参数类型 in 可省略，由调用程序给定查找的部门名称，第二参数为 out 类型参数，存储过程将查询结果返回给调用程序。

```
mysql > call proc_empbyDepart('销售部',@ n);
+---+----+---------+-------+---+----+-----+-----+
|eno |ename |ehiredate   |ejob   |emgr |esal |ebonus |deptno |
+---+----+---------+-------+---+----+-----+-----+
|1001|郑莹   |1999 -01 -01|销售部长|5001  |10000|1500    |销售部  |
|1002|梁睿   |1999 -07 -07|经理    |1001  |6000 |1000    |销售部  |
|1003|赵思   |1999 -07 -07|销售员  |1002  |1500 |2000    |销售部  |
|1004|高文   |2000 -01 -01|销售员  |1002  |1500 |2000    |销售部  |
|1005|杨幂   |2005 -01 -01|销售员  |1002  |1500 |2000    |销售部  |
+---+----+---------+-------+---+----+-----+-----+
5 rows in set (0.00 sec)
Query OK, 0 rows affected (0.09 sec)

mysql > select @ n;
+-------+
|@ n |
+-------+
|5 |
+-------+
1 row in set (0.00 sec)
```

【例6.35】根据部门名称和员工职位显示员工信息。

```
create procedure proc_empbyjob ( in deptname varchar(6),in empjob
varchar(30))
select employees. * from employees,departments where
```

```
    departments.dno = employees.deptno and dname = deptname and ejob =
empjob;
    --调用
    mysql > call proc_empbyjob('销售部','销售员');
    +---+----+---------+-------+---+----+-----+-----+
    |eno |ename |ehiredate   |ejob |emgr |esal |ebonus |deptno |
    +---+----+---------+-------+---+----+-----+-----+
    |1003|赵思   |1999-07-07|销售员|1002 |1500 |2000   |      1 |
    |1004|高文   |2000-01-01|销售员|1002 |1500 |2000   |      1 |
    |1005|杨幂   |2005-01-01|销售员|1002 |1500 |2000   |      1 |
    +---+----+---------+-------+---+----+-----+-----+
    3 rows in set (0.00 sec)
    Query OK, 0 rows affected (0.08 sec)
```

【例6.36】根据给定部门信息，完成部门信息录入。

```
    delimiter //
    create procedure proc_saveDepart
    ( in deptno int, deptname varchar(30),deptcity varchar(50))
    begin
        insert into departments (dno,dname,dloc)
        values (deptno,deptname,deptcity);
    end//
    delimiter ;

    --调用前
    mysql > select * from departments;
    +-----+--------+---------+
    |dno |dname |dloc  |
    +-----+--------+---------+
    |1    |销售部 |长春    |
    |2    |财务部 |沈阳    |
    |3    |开发部 |哈尔滨 |
    |4    |人事部 |北京    |
    |5    |董事会 |北京    |
    |6    |后勤部 |长春    |
    |8    |策划部 |长春    |
    +-----+--------+---------+
    7rows in set (0.00 sec)
```

```
--调用
mysql > call proc_savedepart(7,'技术部','长春');
Query OK, 1 row affected (0.09 sec)

--调用后
mysql > select * from departments;
+-----+--------+---------+
| dno | dname  | dloc    |
+-----+--------+---------+
| 1   | 销售部 | 长春    |
| 2   | 财务部 | 沈阳    |
| 3   | 开发部 | 哈尔滨  |
| 4   | 人事部 | 北京    |
| 5   | 董事会 | 北京    |
| 6   | 后勤部 | 长春    |
| 7   | 技术部 | 长春    |
| 8   | 策划部 | 长春    |
+-----+--------+---------+
8 rows in set (0.00 sec)
```

6.5.3 存储过程维护

1. 查看现有自定义存储过程

MySQL 中采用 show tables；对数据表进行查看，而查看存储过程除了使用 show 命令，还可以使用 select 语句实现。

- show procedure status where db = '数据库名'；
- select name from mysql. proc where db = '数据库名'；
- select routine_name from information_schema. routines where routine_schema = '数据库名'；

【例 6.37】查看 empmis 数据库中所有存储过程。

方法一：

```
show procedure status where db = 'empmis';
```

方法二：

```
mysql > select name from mysql.proc where db = 'empmis';
```

方法三：

```
mysql >select routine_name from information_schema.routines where
routine_schema = 'empmis';
--查询结果
```

```
+------------------+
|name              |
+------------------+
|f_hello           |
|f_Isjg            |
|proc_count        |
|proc_deldepart    |
|proc_depcount     |
|proc_emp          |
|proc_empbyDepart  |
|proc_empbyjob     |
|proc_in           |
|proc_inout        |
|proc_out          |
|proc_saveDepart   |
+------------------+
12 rows in set (0.00 sec)
```

2. 查看存储过程详细信息

若想了解存储过程的详细信息，使用 show 命令实现。

```
show create procedure 数据库.存储过程名;
```

如：

```
show create procedure empmis.proc_in;
```

3. 修改存储过程

使用 alter 语句可以修改存储过程或函数的特性，只能修改特性，如果想修改过程体，只能删除存储过程再重新创建。更改用 create procedure 建立的预先指定的存储过程，其不会影响相关存储过程或存储功能。

4. 删除存储过程

删除一个存储过程比较简单，和删除表一样。使用 drop procedure 命令从 MySQL 数据库中删除一个或多个存储过程。如：

```
drop procedure if exists proc_in;   --删除现有存储过程 proc_in。
```

6.6 自定义触发器

触发器是一种与表操作有关的数据库对象，触发器是一种特殊的存储过程，不能被显式调用，对表中数据更新时自动调用。它在插入、删除或修改特定表中的数据时触发执行，它比数据库本身的标准功能有更精细和更复杂的数据控制能力。当触发器所在表上出现指定事件时，将调用该对象，即表的操作事件触发表上的触发器执行。

触发器由三个部分组成，分别是事件、条件和动作：

事件：对数据库对象的一些操作，如对数据表数据的修改、删除和添加等操作；

条件：触发器被触发前必须先对条件进行检查，只有满足触发条件，触发器才能执行；

动作：触发器执行时将要完成功能的代码段。

触发器主要用于监视特定数据表中数据的插入、修改和删除操作，从而触发相应类型的触发器，实现数据的自动维护，以保护数据库数据的完整性。主要有以下两个特点：

① 触发器自动执行可通过数据库中的相关表实现级联更改，不过，通过级联引用完整性约束可以更有效地执行这些更改。

② 触发器也可以评估数据修改前后的表状态，并根据其差异采取对策。一个表中的多个同类触发器（insert、update 或 delete）允许采取多个不同的对策以响应同一个修改语句。

触发器作用：

① 安全性，可以基于数据库的值，使用户具有操作数据库的某种权利。

② 审计，可以跟踪用户对数据库的操作。

③ 实现复杂的数据完整性规则。

④ 实现复杂的非标准的数据库相关完整性规则。触发器可以对数据库中相关的表进行连环更新。

⑤ 同步实时地复制表中的数据。

⑥ 自动计算数据值，如果数据的值达到了一定的要求，则进行特定的处理。例如，如果公司账号上的资金低于5万元，则立即给财务人员发送警告数据。

6.6.1　触发器的创建

触发器必须创建在指定的数据表上，在 MySQL 中，创建触发器语法如下：

```
create trigger 触发器名  触发时间  触发事件
on 表名 for each row
begin
   trigger_stmt
end;
```

参数说明：

触发器名：标识触发器名称，用户自行指定。

触发时间：标识触发时机，取值为 before 或 after，指明触发程序是在激活它的语句之前或之后触发。

触发事件：取值为 insert、update 或 delete。

① insert 型触发器：插入某一行时激活触发器，可能通过 insert、load data、replace 语句触发；

② update 型触发器：更改某一行时激活触发器，可能通过 update 语句触发；

③ delete 型触发器：删除某一行时激活触发器，可能通过 delete、replace 语句触发。

由此可见，MySQL 中可建立6种触发器，即 before insert、before update、before delete、 after insert、after update、after delete。但是不能同时在一个表上建立 2 个相同类型的触发器，因此在一个表上最多建立 6 个触发器。

数据表名：标识建立触发器的表名，即在哪张表上建立触发器。

触发器程序体：可以是一句 SQL 语句，或者用 begin 和 end 包含的多条语句。

for each row：该子句通知触发器每更新一条数据执行一次动作，而不是对整个表执行一次。

trigger_event 详解：

MySQL 除了对 insert、update、delete 基本操作进行定义外，还定义了 load data 和 replace 语句，这两种语句也能引起上述 6 种类型触发器的触发。

load data 语句用于将一个文件装入一个数据表中，相当于一系列的 insert 操作。

replace 语句一般来说和 insert 语句很像，只是在表中有 primary key 或 unique 索引时，如果插入的数据和原来 primary key 或 unique 索引一致时，会先删除原来的数据，然后增加一条新数据，也就是说，一条 replace 语句有时候等价于一条 insert 语句，有时候等价于一条 delete 语句加上一条 insert 语句。

ncw 与 old 详解：

MySQL 中定义了 new 和 old 关键字，能够访问受触发程序影响的行中的列（old 和 new 不区分大小写）。

① 在 insert 型触发器中，new 用来表示将要（before）或已经（after）插入的新数据；

② 在 update 型触发器中，old 用来表示将要或已经被修改的原数据，new 用来表示将要或已经修改为的新数据；

③ 在 delete 型触发器中，old 用来表示将要或已经被删除的原数据。

使用方法：new. columnName（columnName 为相应数据表某一字段名）

old 是只读的，而 new 则可以在触发器中使用 set 语句赋值，这样不会再次触发触发器，造成循环调用（如每插入一个学生前，都在其学号前加“2017”）。

在 insert 触发程序中，仅能使用 new. columnName，没有旧行。在 delete 触发程序中，仅能使用 old. columnName，没有新行。在 update 触发程序中，可以使用 old. columnName 来引用更新前的某一行的列，也能使用 new. columnName 来引用更新后的行中的列。用 old 命名的字段是只读的。可以引用它，但不能更改它。对于用 new 命名的列，如果具有 select 权限，可引用它。在 before 触发程序中，如果具有 update 权限，可使用“set new. columnName = value”更改它的值。这意味着，可以使用触发程序来更改将要插入新行中的值，或用于更新行的值。

6.6.2 触发器的应用

使用 SQL 语句创建超市管理系统数据库 MIS，并创建数据表商品类别表、商品表、销售表，同时插入测试数据。

创建数据库——MIS

```
create database mis default charset utf8;
```

创建数据表——商品类别表

```
use mis;
drop table if exists t_type;
create table t_type
(
    typeid int primary key,
    typename varchar(30)
);
--创建商品表
drop table if exists t_goods;
create table t_goods
(
gid varchar(10) not null primary key,
gname varchar(10) not null,
gnum int default 0,
typeid int
);
--创建销售表
drop table if exists t_sale;
create table t_sale
(
id int auto_increment primary key,
gid varchar(10) not null,
innum int,
sdate date,
sperson varchar(10)
);
--向商品类别表中插入3条测试数据
insert into t_type (typeid,typename) values
(1,'办公备品'),
(2,'食品'),
(3,'日用品');
--向商品表中插入3条测试数据
insert into t_goods(gid,gname,gnum,typeid) values
('101','笔记本',100,1),
('102','钢笔',100,1),
('103','面包',100,2);
```

商品类别表数据如下：

```
mysql > select * from t_type;
+--------+----------+
|typeid |typename |
+--------+----------+
|      1 |办公备品 |
|      2 |食品 |
|      3 |日用品 |
+--------+----------+
3 rows in set (0.00 sec)
```

商品表数据如下：

```
mysql > select * from t_goods;
+-----+--------+------+-------+
|gid |gname |gnum |typid |
+-----+--------+------+-------+
|101 |笔记本 |100  |     1|
|102 |钢笔   |100  |     1|
|103 |面包   |100  |     2|
+-----+--------+------+-------+
3 rows in set (0.00 sec)
```

【例 6.38】创建 insert 类型触发器 trig_goodsinsert，当向商品表中插入一条商品信息时，自动控制库存数量在 0 ~ 100 之间，当输入库存数量小于 0 时，则按 0 输入，库存量大于 100，则按 100 输入。

```
delimiter //
create trigger trig_goodsinsert before insert on t_goods
for each row
begin
if new.gnum <0 then
   set new.gnum =0;
elseif new.gnum >100 then
   set new.gnum =100;
end if;
end//
delimiter ;
```

根据题目要求，触发器必须在数据插入表之前完成库存数量的控制，所以使用 before insert 类型触发器。当向商品表中插入数据时，触发器自动触发，完成库存数量的控制。执行以下语句将触发该触发器。

```
insert into t_goods values ('104','手机',123,2);
```

通过查询语句发现存入数据库的库存数量是100，而不是123。

```
mysql > select * from t_goods;
+------+--------+------+--------+
| gid | gname | gnum | typeid |
+------+--------+------+--------+
| 101 | 笔记本 | 100 |      1 |
| 102 | 钢笔   | 100 |      1 |
| 103 | 面包   | 100 |      2 |
| 104 | 手机   | 100 |      2 |
+------+--------+------+--------+
4 rows in set (0.00 sec)
```

【例6.39】创建insert类型触发器trig_saleinsert，当向销售表中插入一条销售信息时，自动减少商品表中商品的库存数量。

```
delimiter //
create trigger trig_saleinsert after insert on t_sale
for each row
begin
    update t_goods set gnum = gnum - new.innum where gid = new.gid;
end//
delimiter ;
```

向商品销售表中插入2条数据，则商品表中商品减少了相同数量。

```
mysql > insert into t_sale(gid,innum,sdate,sperson) values
      ('101',10,'2017 -6 -1','Tom'),('102',26,'2017 -6 -1','Tom');
Query OK, 2 rows affected (0.09 sec)
Records: 2 Duplicates: 0 Warnings: 0

mysql > select * from t_sale;
+----+-----+-------+-------------+---------+
| id | gid | innum | sdate       | sperson |
+----+-----+-------+-------------+---------+
| 1  | 101 | 10    | 2017 -06 -01 | Tom     |
| 2  | 102 | 26    | 2017 -06 -01 | Tom     |
+----+-----+-------+-------------+---------+
2 rows in set (0.00 sec)

mysql > select * from t_goods;
+------+--------+------+--------+
| gid | gname | gnum | typeid |
```

```
+-----+--------+------+--------+
|101  |笔记本  |90    |1 |
|102  |钢笔    |74    |1 |
|103  |面包    |100   |2 |
|104  |手机    |100   |2 |
+-----+--------+------+--------+
4 rows in set (0.00 sec)
```

【例 6.40】创建修改类型触发器 trig_saledelete，当销售表中删除一条销售信息（退货）时，自动更新商品表中商品的库存数量。

```
delimiter //
create trigger trig_saledelete before delete on t_sale for each row
begin
    update t_goods set gnum = gnum + old.innum where gid = old.gid;
end//
delimiter ;
```

当发生退货现象时，将删除退货的销售记录信息，触发销售表上的 delete 类型触发器，从而修改相应商品对应的库存。

执行以下删除语句将触发 delete 类型触发器。

```
mysql > delete from t_sale where id =2;
Query OK, 1 row affected (0.00 sec)

mysql > select * from t_sale;
+----+-----+-------+------------+---------+
|id  |gid  |innum  |sdate       |sperson  |
+----+-----+-------+------------+---------+
|1   |101  |10     |2017 -06 -01 |Tom     |
+----+-----+-------+------------+---------+
1 row in set (0.08 sec)

mysql > select * from t_goods;
+-----+--------+------+--------+
|gid  |gname   |gnum  |typeid  |
+-----+--------+------+--------+
|101  |笔记本  |   90 |      1 |
|102  |钢笔    |  100 |      1 |
|103  |面包    |  100 |      2 |
|104  |手机    |  100 |      2 |
+-----+--------+------+--------+
4 rows in set (0.00 sec)
```

id 的值是退货商品销售时的序号。MySQL 将自动修改商品库存。将退货商品的数量自动累加到相应商品库存中。

【例 6.41】创建修改类型触发器 trig_saleupdate，当修改销售表中一条销售信息（增加或减少销售数量）时，自动更新商品表中商品的库存数量。

```
delimiter //
create trigger trig_saleupdate before update on t_sale
for each row
begin
  update t_goods set gnum = gnum + old.innum - new.innum where gid = new.gid;
end//
delimiter ;
```

当发生购买时，商品数量发生变化，将修改销售记录的购买数量，触发销售表上的 update 类型触发器，从而修改相应商品对应的库存。等同于发生了一次退货和一次购买动作。

执行以下修改语句将触发 update 类型触发器。

```
mysql > update t_sale set innum = 20 where id = 1;
Query OK, 1 row affected (0.00 sec)
Rows matched: 1 Changed: 1 Warnings: 0

mysql > select * from t_sale;
+----+-----+-------+------------+---------+
| id | gid | innum | sdate      | sperson |
+----+-----+-------+------------+---------+
| 1  | 101 | 20    | 2017-06-01 | Tom     |
+----+-----+-------+------------+---------+
1 row in set (0.00 sec)

mysql > select * from t_goods;
+-----+--------+------+--------+
| gid | gname  | gnum | typeid |
+-----+--------+------+--------+
| 101 | 笔记本 |   80 |      1 |
| 102 | 钢笔   |  100 |      1 |
| 103 | 面包   |  100 |      2 |
| 104 | 手机   |  100 |      2 |
+-----+--------+------+--------+
4 rows in set (0.00 sec)
```

id 的值是换货商品销售时的序号。MySQL 将自动修改商品库存。将原销售商品的数量自动累加到相应商品库存中，将修改后的商品数量从库存中减掉。

【例 6.42】删除触发器 trig_saleupdate。

```
drop trigger if exists trig_saleupdate;
```

6.6.3 触发器与约束的比较

约束和触发器在特殊情况下各有优势。触发器的主要好处在于它们可以包含使用 Transact - SQL 代码的复杂处理逻辑。因此，触发器可以支持约束的所有功能；但它在所给出的功能上并不总是最好的方法。实体完整性应在最低级别上通过索引进行强制，这些索引或是 primary key 和 unique 约束的一部分，或是在约束之外独立创建的。假设功能可以满足应用程序的需求，域完整性应通过 check 约束进行强制，而引用完整性则应通过 foreign key 约束进行强制。在约束所支持的功能无法满足应用程序的功能要求时，触发器就极为有用。

例如：除非 references 子句定义了级联引用操作，否则 foreign key 约束只能以与另一列中的值完全匹配的值来验证字段值。check 约束只能根据逻辑表达式或同一表中的另一列来验证列值。如果应用程序要求根据另一个表中的字段验证字段值，则必须使用触发器。约束只能通过标准的系统信息传递错误信息。如果应用程序要求使用自定义信息和较为复杂的误处理，则必须使用触发器。触发器可通过数据库中的相关表实现级联更改。

触发器功能强大，能轻松可靠地实现许多复杂的功能，触发器本身没有过错，但由于用会造成数据库及应用程序的维护困难。在数据库操作中，可以通过关系、触发器、存储过程、应用程序等来实现数据操作。同时，规则、约束、缺省值也是保证数据完整性的重要保障。如果对触发器过分依赖，势必影响数据库的结构，同时增加了维护的复杂程度。

小　结

1. 存储过程与函数的区别

函数是特殊的存储过程，函数只能通过 return 语句返回一个值，而存储过程可以通过出类型参数，一次带回多个值，同时，在过程体中通过查询语句还可以带回结果集。函数一般嵌入 SQL 中使用，可以作为语句的一部分，而存储过程一般都作为独立部分执行。

2. 存储过程的过程体不可修改

存储过程的过程体内容不允许修改，若必须改，需先删除，而后重新创建。

3. 触发器的执行机制

触发器是与表有关的数据库对象，当对表执行 insert、update、delete 语句时，将触发触发器。可使用 before 或 after 将触发器设置为在执行语句之前或之后触发。如果 before 触发器执行失败，SQL 无法正确执行。SQL 执行失败时，after 型触发器不会触发。after 类型的触发器执行失败，SQL 语句回滚。

综合实训 6

一、实训目的

1. 掌握函数的定义与应用；

2. 掌握存储过程的定义与应用；

3. 掌握触发器的执行机制；

4. 掌握触发器的定义与应用。

二、实训内容

在 stuMIS 数据库中完成以下操作：

1. 函数

① 创建函数 f_sex( )，将给定的性别值“男”或“女”分别转换成“先生”或“女士”。若输入非法数据，返回空值。

② 创建函数，返回学生表中所有学生的总人数。

③ 创建函数，使用三种不同方法实现根据给定的 n 值输出 $1+2+\cdots+n$ 的和。

2. 存储过程

① 创建一个存储过程 proc_QuerybydepartID，根据给定的系部名称，显示所有该系部的各个班级信息。

② 创建一个存储过程 proc_QueryStu，根据给定的学生生源地和性别条件，查找指定生源地的男生或女生。

③ 模拟银行存取款业务，设计存取款流水表、储户信息表，定义存储过程，在过程体内利用事务分别完成存款与取款操作。

3. 触发器

1） 创建一个触发器，当学生退学时，自动删除学生选课信息。

2） 在 score 数据表中定义一个 insert 类型触发器，控制输入的成绩在 0 ~ 100 之间。

思考与练习 6

1. MySQL 中函数的分类。

2. 存储过程与函数的区别。

3. 触发器的执行机制。

4. 创建一个存储过程 proc_insertScore，根据给定的学号、课程编号和成绩，将该条信息正确地保存至 score 数据表中。

5. 创建一个存储过程 proc_StuScore，根据给定的班级编号，显示所有该班级的每个同学的姓名、考试科目和成绩信息。

项目 7　数据库管理

学习目标

掌握进行 MySQL 的用户管理的方法；
掌握 MySQL 中的用户权限管理；
掌握通过可视化管理软件进行权限和用户管理的方法。

MySQL 是一个多用户的数据库，MySQL 的用户可以分为两大类：

① 超级管理员用户（root），拥有全部权限。

root 用户的权限包括创建用户、删除用户和修改普通用户密码等管理权限。

② 普通用户，由 root 创建，普通用户只拥有 root 所分配的权限（普通用户只拥有创建用户时赋予他的权限）。

普通用户的权限包括管理用户的账户、权限等。

7.1　权限管理

MySQL 权限表中最重要的表为：user 表、db 表、host 表，除此之外，还有 tables_priv 表、columns_priv 表和 proc_priv 表等。

7.1.1　用户管理

1. 登录与退出 MySQL 服务器

以合法用户登录 MySQL 数据库服务器。

2. 新建普通用户

① 用 create user 语句新建普通用户“test1@ localhost”，密码为“test1”。

```
mysql > create user 'test1'@ 'localhost' identified by 'test1';
Query OK, 0 rows affected (0.01 sec)
```

② 用 insert 语句新建普通用户“test2@ localhost”，密码为“test2”。

```
mysql > insert into mysql.user(host,user,password)values
('localhost','test2',password('test2'));
Query OK, 1 row affected, 3 warnings (0.00 sec)


mysql > flush privileges;
Query OK, 0 rows affected (0.00 sec)
```

③ 用 grant 语句新建普通用户“test3 '@' localhost”，密码为“test3”。

```
mysql > grant select on *.* to 'test3'@'localhost'
    - > identified by 'test3';
Query OK, 0 rows affected (0.00 sec)
```

3. 删除普通用户

① 用 drop user 语句删除普通用户“test2@localhost”。

```
mysql > drop user 'test2'@'localhost';
Query OK, 0 rows affected (0.00 sec)
```

② 用 delete 语句删除普通用户“test3@localhost”。

```
mysql > delete from mysql.user where host = 'localhost' and user =
'test3';
Query OK, 1 row affected (0.00 sec)
```

4. root 用户修改自己的密码

root 用户拥有最高的权限，因此必须保证 root 用户的密码的安全。可以通过以下方式对 root 用户的密码进行修改。

① 修改 MySQL 数据库下的 user 表，将密码修改为“myroot”。

```
mysql > update mysql.user set password = password('myroot');
Query OK, 1 row affected (0.00 sec)
Rows matched: 1 Changed: 1 Warnings: 0

mysql > flush privileges;
Query OK, 0 rows affected (0.00 sec)
```

② 使用 set 语句修改 root 用户的密码为“root”。

```
mysql > set password = password('root');
Query OK, 0 rows affected (0.00 sec)

mysql > flush privileges;
Query OK, 0 rows affected (0.00 sec)
```

5. root 修改普通用户的密码

root 用户具有最高的权限，所以它可以修改普通用户的密码。

① 使用 set 语句修改普通用户的密码，将“test1@localhost”的密码修改为“test”。

```
mysql > set password for 'test1'@'localhost' = password('test');
Query OK, 0 rows affected (0.00 sec)
```

② 修改 MySQL 数据库下的 user 表，将“test1@localhost”的密码修改为“1234”。

```
mysql > update mysql.user set password = password('1234')
    - > where user = 'test1' and host = 'localhost';
Query OK, 1 row affected (0.00 sec)
Rows matched: 1 Changed: 1 Warnings: 0

mysql > flush privileges;
Query OK, 0 rows affected (0.00 sec)
```

③ 用 grant 语句修改普通用户“test@ localhost”的密码为“test”。

```
mysql > grant select on *.* to 'test'@ 'localhost'
    - > identified by 'test';
Query OK, 0 rows affected (0.00 sec)
```

6. 普通用户修改密码

普通用户一样可以修改自己的密码，将自己的代码修改为“test”，普通用户登录后，操作代码如下：

```
mysql > set password = password('test');
Query OK, 0 rows affected (0.00 sec)
```

7.1.2 权限管理

1. MySQL 中的权限

用户详情的权限列表请参考 MySQL 官网说明。表 7 - 1 为 MySQL 官网上的权限介绍表，其中 Privilege 表示权限，Column 表示对应“user”表中字段名，Context 表示权限范围。

表 7 - 1 MySQL 数据库权限表

Privilege	Column	Context
ALL [PRIVILECES]	Synonym for “all privileges”	Server administration
ALTER	Alter_priv	Tables
ALTER ROUTINE	Alter_routine_priv	Stored routines
CREATE	Create_priv	Databases, tables, or indexes
CREATE ROUTINE	Create_routine_priv	Stored routines
CREATE TABLESPACE	Create_tablespace_priv	Server administration
CREATE TEMPORARY TABLES	Create_tmp_table_priv	Tables
CREATE USER	Create_user_priv	Server administration
CREATE VIEW	Create_view_priv	Views
DELETE	Delete_priv	Tables
DROP	Drop_priv	Databases, tables, or views

续表

Privilege	Column	Context
EVENT	Event_priv	Databases
EXECUTE	Execute_priv	Stored routines
FILE	File_priv	File access on server host
GRANT OPTION	Grant_priv	Databases, tables, or stored routines
INDEX	Index_priv	Tables
INSERT	Insert_priv	Tables or columns
LOCK TABLES	Lock_tables_priv	Databases
PROCESS	Process_priv	Server administration
PROXY	See proxies_priv table	Server administration
REFERENCES	References_priv	Databases or tables
RELOAD	Reload_priv	Server administration
REPLICATION CLIENT	Repl_client_priv	Server administration
REPLICATION SLAVE	Repl_slave_priv	Server administration
SELECT	Select_priv	Tables or columns
SHOW DATABASES	Show_db_priv	Server administration
SHOW VIEW	Show_view_priv	Views
SHUTDOWN	Shutdown_priv	Server administration
SUPER	Super_priv	Server administration
TRIGGER	Trigger_priv	Tables
UPDATE	Update_priv	Tables or columns
USAGE	Synonym for “no privileges”	Server administration

2. 授权

MySQL 使用 grant 关键字为用户授权。以下代码授予“test@ localhost”用户对所有表的查询和更新权限。

```
mysql > grant select,update on *.* to 'test'@'localhost'
    -> identified by 'test' with grant option;
```

3. 收回权限

收回权限是取消某个用户的某些权限。MySQL 中使用 revoke 关键字来为用户收回权限。下列代码为收回“test@ localhost”用户对所有表的查询权限。

```
mysql > revoke select on *.* from 'test'@'localhost';
Query OK, 0 rows affected (0.00 sec)
```

4. 查看权限

MySQL 中可以使用 select 语句查询 user 表中用户的权限，也可以使用 show grant 语句来查看。例如，查看 root 用户权限的代码如下：

```
mysql > select host,user,password,select_priv,update_priv,grant
        _priv
    - > from mysql.user where user = 'root';
```

或者：

```
mysql > show grants for 'root'@ 'localhost';
```

由于查询结果篇幅过大，请运行代码后自行查看执行效果。

7.1.3 图形管理工具管理用户与权限

除了命令行方式，也可以通过图形界面方式来操作用户与权限，下面以图形管理工具 Navicat for MySQL 为例来说明管理用户与权限的具体步骤。

1. 添加和删除用户

打开 Navicat for MySQL 数据库管理工具，以 root 用户建立连接，连接后打开管理工具主窗口。单击工具栏中的“管理”按钮，打开图 7－1 所示的窗口。

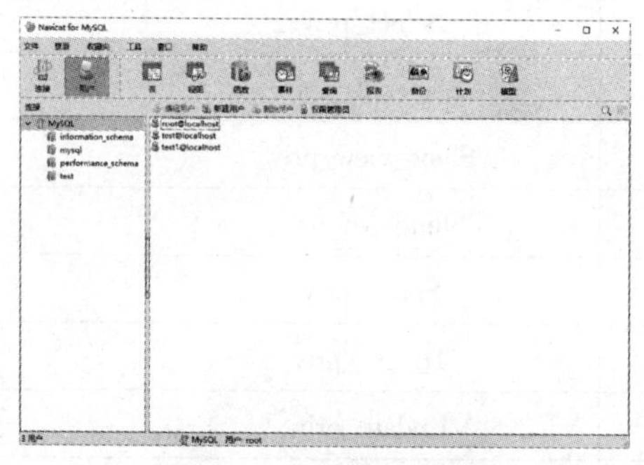

图 7－1 “用户”窗口

此时单击“新建用户”按钮，在图 7－2 所示的对话框中填写相关的信息，完成新用户的创建操作。如果想要进行用户的删除操作，则选中指定用户后，单击“删除用户”按钮就可以完成用户的删除操作。

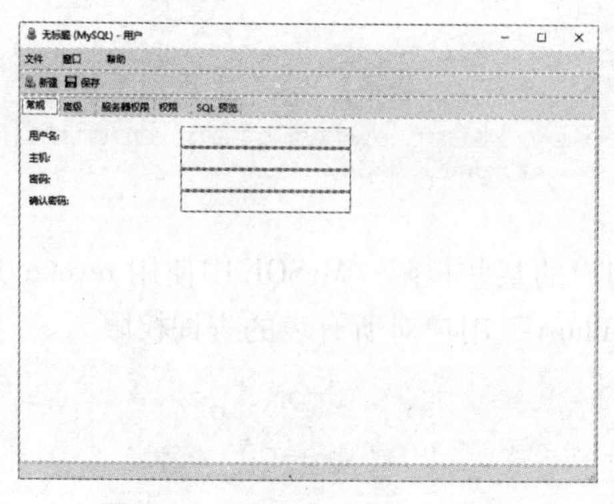

图 7－2 “新建用户”对话框

2. 权限的设置

在图 7 -1 中选中要操作的用户，然后单击“编辑用户”按钮，选中图 7 -2 中的“服务器权限”选项卡，出现图 7 -3 所示窗口，就可以对用户的服务器权限进行编辑管理，然后保存即可。

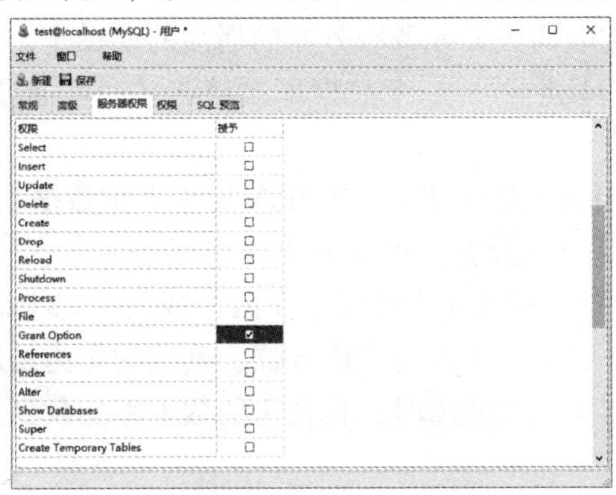

图 7 -3　“服务器权限”窗口

如果需要对用户对某个数据库或者对某个特定的表的操作权限进行修改，则选择图 7 -3 中的权限选项卡，如图 7 -4 所示。

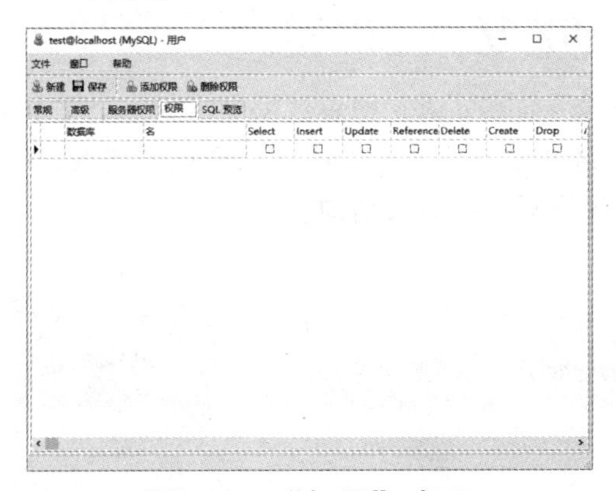

图 7.4　“权限”窗口

此时单击工具栏上的“添加权限”按钮弹出如图 7 -5 所示窗口，可以选中左侧的数据库或者数据库中的某一个表进行相应的授权操作。

如果单击图 7 -4 工具栏上的“删除权限”按钮，则可以对用户的数据库或者数据表权限进行删除处理，这里不再赘述。

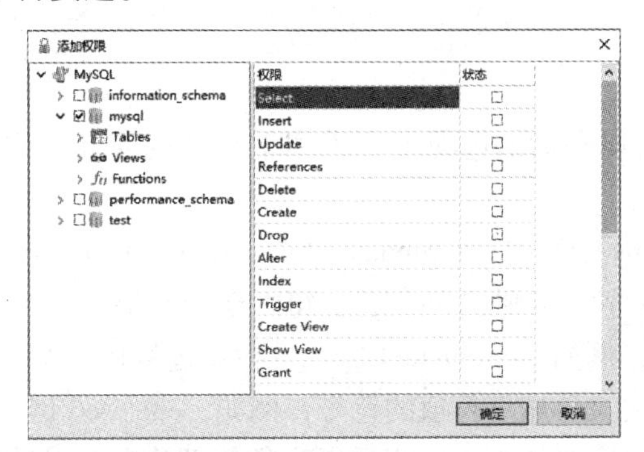

图 7 -5　“添加权限”窗口

7.2 数据的备份和恢复

有多种可能会导致数据表的丢失或者服务器的崩溃的误操作，误操作发生的可能性非常高。因此，拥有能够恢复的数据对于一个数据库系统来说是非常重要的。MySQL 数据库提供了三种保证数据安全的方法。

① 数据库备份：通过导出数据或者表文件的复制来保护数据。

② 二进制日志文件：保存更新数据的所有语句。

③ 数据库复制：MySQL 内部复制功能建立在两个或两个以上服务器之间，通过设定它们之间的主从关系来实现，其中一个作为主服务器，其他的作为从服务器。

数据库恢复就是当数据库出现故障时，将备份的数据库加载到系统，从而使数据库恢复到备份时的正确状态。

恢复是与备份相对应的系统维护和管理操作。系统进行恢复操作时，先执行一些系统安全性的检查，包括检查所要恢复的数据库是否存在、数据库是否变化及数据库文件是否兼容等，然后根据所采用的数据库备份类型采取相应的恢复措施。

7.2.1 数据库备份和恢复

用户可以使用 select into…outfile 语句把表数据导出到一个文本文件中，并用 load data…infile 语句恢复数据。但是这种方法只能导出或导入数据的内容，不包括表的结构，如果表的结构文件损坏，则必须先恢复表的原来结构。

语法格式：

```
select into * into outfile '文件名' 输出选项
              |dumpfile '文件名'
```

其中，“输出选项”为：

```
[fields
   [terminated by '字符串']
   [[optionally] |enclosed by '字符']
   [escaped by '字符']
]
[lines terminated by '字符串']
```

语法说明：

① 使用 outfile 时，可以在输出选项中加入两个自选的字句，它们的作用是决定数据行在文件中存放的格式。

② fileds 子句，在 fields 子句中有 terminated by、[optionally] enclosed by 和 escaped by 三个亚子句。如果指定了 fileds 字句，则这 3 个亚子句中至少要指定一个。其中，terminated by 用来指定字段值之间的符号，例如，terminated by '，'指定逗号作为两个字段值之间的标志；enclosed by 子句用来指定包裹文件中字符值的符号，例如，enclosed by '" '表示文件中字符值放在双引号之间，若加上关键字 optionally，表示所有的值都放在双引号之间；escaped by 子句用

来指定转义字符，例如，escaped by '*'将*指定为转义字符，取代\，如空格将表示为*N。

③ lines 子句在 lines 子句中使用 terminated by 指定一行结束的标记，如 lines terminated by '?'表示一行以?作为结束标志。

④ 如果 fields 和 lines 子句都不指定，则默认声明以下子句。

```
fields terminated by '\t' enclosed by '' escaped by '\'
lines terminated by '\n'
```

如果使用 dumpfile 而不是 outfile，导出文件中所有的行都彼此紧密挨着放置，值和行之间没有任何标记，成了一个长长的值。

该语句的作用是将表中 select 语句选中的行写入一个文件中，file_name 是文件的名称，文件默认在服务器主机上创建，并且文件名不能是已经存在的（这可能将原文件覆盖）。如果要将该文件写入一个特定位置，则要在文件名前加上具体的路径。在文件中，数据行以一定的形式存放，空值用\N 表示。

load data…infile 语句是 select into…outfile 的补充，该语句可以将一个文件中的数据导入到数据库中。

语句格式：

```
load data infile '文件名.txt'
    into table 表名
[fields
    [terminated by '字符串']
    [[optionally]enclosed by '字符']
    [escaped by '字符']
]
[lines
    [starting by '字符串']
    [terminated by '字符串']
]
[ignore number lines]
[(字段名或用户变量…)]
[set 字段名=(表达式),…]
```

语法说明：

① 文件名，待载入的文件名，文件中保存了待存入数据库的数据行。待载入的文件可以手动创建也可以使用其他的程序创建。载入文件时，可以指定文件的绝对路径，如 D:/file/myfile.txt，则服务器根据该路径搜索文件。若不指定路径，如 myfile.txt，则服务器在默认数据库的数据目录中读取。若文件为./myfile.txt，则服务器直接在数据目录下读取，即 MySQL 的 data 目录。出于安全原因，当读取位于服务器中的文本文件时，文件必须位于数据库目录中，或者是全体可读的。

注：这里使用“/”指定 Windows 路径而不是“\”。

② 表名，需要导入数据表的名，该表在数据库中必须存在，表结构必须与导入文件的

数据行一致。

③ fields 子句，此处的 fileds 子句和 select…into outfile 语句类似。用于判断字段之间和数据行之间的符号。

④ lines 子句，terminated by 亚子句用来指定一行结束的标志；starting by 亚子句则指定一个前缀，导入数据行时，忽略行中该前缀和前缀之前的内容，如果某行不包括该前缀，则整行被跳过。

例如，文件 myfile. txt 中有以下内容：

```
xxx "row",1
something xxx "row",2
```

导入数据时，添加以下子句：

```
starting by 'xxx'
```

最后只得到数据（"row",1）和（"row",2）。

【例 7.1】备份 bookstore 数据库的 members 表中数据到 d 盘 file 目录中，要求字段值是字符就用双引号标注，字段值之间用逗号隔开，每行以“?”为结束标志。备份后的数据导入到一个和 members 表结构一样的空表 member_copy 中。

① 导出数据。

SQL 代码：

```
use bookstore;
select * from members
    into outfile 'D:/myfile1.txt'
    fields terminated by ','
        optionally enclosed by '"'
    lines terminated by '?';
```

导出成功后，可以查看 d 盘 file 文件夹下的 myfile1. txt 文件。

② 文件备份完后，可以将文件中的数据导入到 member_copy 表中，使用以下命令。

SQL 代码：

```
load data in file 'D:/myfile1.txt'
    into table member_copy
    fields terminated by ','
        optionally enclose by '"'
    lines terminated by "?";
```

在导入数据时，必须根据文件中数据行的格式指定判断的符号。例如，在 myfile1. txt 文件中，字段值是以逗号隔开的，导入数据时一定要使用 terminated by ','子句指定逗号为字段值之间的分隔符，与 select … into outfile 语句相对应。

7.2.2 使用图形管理工具进行备份和恢复

除了命令行方式，还可以通过图形界面方式进行数据备份和恢复操作。本书介绍通过

Navicat for MySQL 工具进行数据备份和恢复的方法。

1. 数据备份

打开 Navicat for MySQL 数据库管理工具，以 root 用户建立连接，连接后打开窗口。在连接框中选择要备份的数据库，单击“备份”按钮，打开图 7-6 所示的数据备份操作界面。

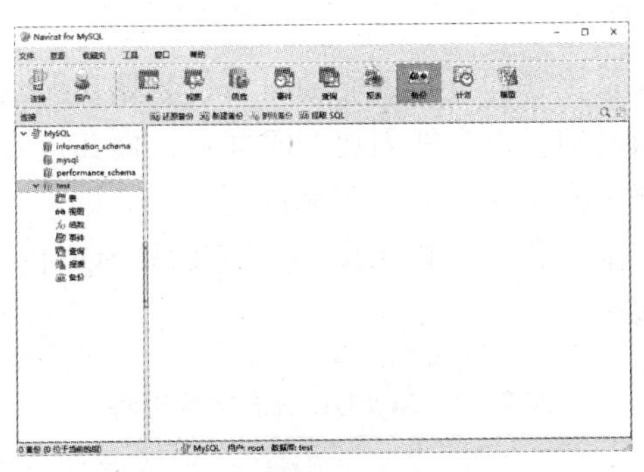

图 7-6　数据备份操作界面

在图 7-6 所示的工具栏中单击“新建备份”按钮，打开如图 7-7 所示的“新建备份”对话框，在“对象选择”选项卡中选择需要备份的对象，在“高级”选项卡中输入备份名称，默认以备份建立的时间命名，设置完成后单击“开始”按钮，开始备份。

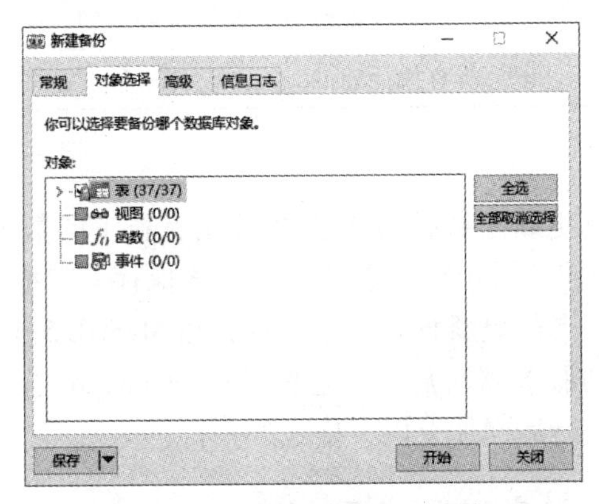

图 7-7　“新建备份”对话框

2. 数据恢复

数据备份成功以后，将在图 7-6 右侧列表中列出所备份的文件。在列表中选中要恢复的备份文件，单击工具栏中的“还原备份”按钮，打开“还原备份”对话框，在“对象选择”选项卡选择需要的还原对象，单击“开始”按钮，开始还原。

7.2.3　直接复制

由于 MySQL 的数据库和表是直接通过目录和表文件实现的，因此可以通过直接复制文件的方法来备份数据库。不过，直接复制的文件不能移植到其他机器上，除非要复制的表使用 MyISAM 存储格式。

如果要把 MyISAM 类型的表直接复制到另一个服务器上并使用，首先要求两个服务器必须使用相同的 MySQL 版本，而且硬件结构必须相同或者相似。在复制之前要保证数据表不再使用，保证复制完整性的最好方法是关闭服务器，复制数据库下的所有表文件（*.frm、

*. myd 和 *. myi 文件），然后重启服务器。文件复制出来后，可以将文件放到另外一个服务器的数据库目录下，这样在另外一个服务器上就可以正常使用这些表了。

7.3 日志管理

在实际操作中，用户和系统管理员不可能随时备份数据，但当数据丢失或数据库文件损坏时，使用备份文件只能恢复到备份文件创建的时间点，而在这之后更新的数据就无能为力了。解决这个问题的办法就是使用 MySQL 二进制日志。

MySQL 有几个不同的日志文件，可以帮助用户找出 MySQL 内部发生的事情。表 7 – 2 列出了 MySQL 日志文件及其说明。

表 7 – 2 MySQL 日志文件说明

日志文件	计入文件中的信息类型
错误日志	记录启动、运行或停止 MySQL 时出现的问题
查询日志	记录建立的客户端连接和执行的语句
更新日志	记录更改数据的语句。不赞成使用该日志
二进制日志	记录所有更改数据的语句。还用于复制
慢日志	记录所有执行超 long_query_time 秒的查询或不使用索引的查询

1. 启用日志

二进制日志包含了所有更新了数据或者已经潜在更新了的数据（例如，没有匹配任何行的一个 delete）的所有语句。语句以“事件”的形式保存，其描述数据的修改。

二进制文件已经代替了老的更新日志，更新日志在 MySQL 5.1 中不再使用。

二进制日志可以在启动服务器时启用，这需要修改 my. ini 选项文件。打开该文件，找到［mysqld］所在行，在该行后面加上以下格式的一行：

```
log-bin=[=filename]
```

加入该选项后，服务器启动时就会加载该选项，从而启用二进制日志。如果 filename 包含扩展名，则扩展名被忽略。MySQL 服务器为每个二进制日志名后边添加一个数字扩展名。每次启动服务器或刷新日志时，该数字增加 1。如果未给出 filename，则默认为主机名。假设这里 filename 取名为 bin_log。若不指定目录，则在 MySQL 的 data 目录下自动创建二进制日志文件。由于下边使用 mysqlbinlog 工具处理日志时，日志必须处于 bin 目录下，因此日志的路径就指定为 bin 目录，添加的行改为以下一行。

```
log_bin=C:/appserv/mysql/bin/bin_log
```

保存，重启服务器。

重启服务器的方法可以是：

```
先关闭服务器，在运行窗口中输入命令：net stop mysql。
再启动服务器，再运行窗口中输入命令：net start mysql。
```

此时，MySQL安装目录的bin目录下多出了两个文件bin_log. 000001和bin_log. index。

bin_log. 000001就是二进制文件，以二进制形式存储，用户保存数据库更新信息。当这个日志文件大小达到最大，MySQL还会自动创建新的二进制文件。bin_log. index是服务器自动创建的二进制日志索引文件，包含所有使用的二进制日志文件的文件名。

2. 用mysqlbinlog处理日志

使用mysqlbinlog实用工具可以检查二进制日志文件。

格式：

```
mysqlbinlog [选项] 日志文件名
```

说明：

日志文件名，是二进制日志文件。

例如，运行以下命令可以查看bin_log. 000001的内容：

```
mysqlbinlog bin_log.000001
```

由于二进制数据可能非常庞大，无法在屏幕上延伸，可以将其保存到文本文件中：

```
mysqlbinlog bin_log.000001 >D:/FILE/lbin-log000001.txt
```

使用日志恢复数据的命令格式如下：

```
mysqlbinlog [选项] 日志文件名 |mysql [选项]
```

【例7.2】假设用户在周日下午1点进行了数据库stuinfo的完全备份，备份文件为file. sql。用户从星期日下午1点开始启用日志，bin_log. 000001文件保存了从周日下午1点到周一下午1点的所有修改。在周一下午1点运行一条SQL语句：flush logs;，此时创建了bin_log000002文件，在周二下午1点时数据库崩溃。现要将数据库恢复到周二下午1点时的状态。

① 将数据库恢复到周日下午1点时的状态。

② 使用下列命令将数据库恢复到周一下午1点时的状态：

```
mysqlbinlog bin_log.000001 |mysql -uroot -proot
```

③ 使用以下命令即可将数据库恢复到周二下午1点时的状态：

```
mysqlbinlog bin_log.000002 |mysql -uroot -proot
```

由于日志文件要占用很大的硬盘资源，因此需要及时将没有用的日志文件清除掉。以下SQL语句可以清除所有的日志文件：

```
reset master;
```

如果要删除部分日志文件，可以使用purge logs语句。

格式：

```
purge {master |binary} logs to '日志文件名'
```

或

```
purge {master |binary} logs before '日期'
```

语法说明：

① 第一条语句用于删除日志文件名指定的日志文件。

② 第二条语句用于删除时间在日期之前的所有日志文件。

③ master 和 binary 是同义词。

小　结

数据库中的数据需要在有效的安全机制下被合理地访问和修改，用户如果想要登录到 MySQL 数据库服务器上，必须要拥有合法的登录名和密码。在 MySQL 中使用 create user 来创建新用户，并设置相应的密码。登录到服务器后，才能够在权限允许范围内使用数据库资源。

MySQL 的权限分为列权限、表权限、数据库权限和用户权限 4 个级别，给对象授予权限使用 grant 语句，回收权限使用 revoke 语句。

数据表或者服务器的崩溃是很有可能发生的情况，所以对数据进行备份和恢复是保证数据库正常运行的必要手段。MySQL 中通过使用数据库备份、二进制文件等方式来实现数据备份。如果数据库出现问题，可以将数据库恢复到备份时的正确状态。

综合实训 7

一、实训目的

1. 掌握创建和管理数据库用户的方法。
2. 掌握权限的授予与收回的方法。
3. 掌握数据库备份与恢复的方法。

二、实训内容

1. 用户管理

（1）创建数据库用户 user01 和 user02，密码为 0123。

（2）将用户 user02 的名称改为 user03。

（3）将用户 user03 的密码改为 123456。

（4）删除用户 user03。

（5）授予用户 user01 对指定数据库中表的 select 操作权限。

（6）授予用户 user01 对指定表的插入、修改、删除等操作权限。

（7）授予用户 user01 对指定数据库的所有操作权限。

（8）收回用户 user01 对指定数据库的所有操作权限。

2. 数据备份和恢复

（1）备份指定数据库中的表的数据到 d 盘中。

（2）将数据库中的表删除，然后将备份文件中的数据恢复到数据库中。

思考与练习7

1. MySQL数据库中的权限的含义是什么?
2. MySQL数据库中所有用户的权限是否相同?
3. root用户的权限与普通用户的权限有什么差别?
4. 普通用户是否可以创建其他普通用户?
5. 授予和回收权限的指令是什么?
6. 为什么要进行备份操作?
7. 有哪几种方式对MySQL数据库中的数据进行备份?
8. 在MySQL数据库中如何进行数据的恢复?

参 考 文 献

[1] 刘增杰，张少军. MySQL 5.5 从零开始学 [M]. 北京：清华大学出版社，2012.

[2] 周德伟，覃国荣. MySQL 数据库技术 [M]. 北京：高等教育出版社，2014.

[3] 王晶晶，徐彩云，周方，李腊元. MySQL 数据库基础教程 [M]. 吉林：吉林大学出版社，2015.

[4] 传智播客高教产品研发部. MySQL 数据库入门 [M]. 北京：清华大学出版社，2015.

[5] Ben Forta. MySQL 必知必会 [M]. 北京：人民邮电出版社，2009.